知識ゼロからの

恐竜入門

恐竜くん（田中真士）著・装画
所 十三 本文画

幻冬舎

ようこそ、恐竜の世界へ！

今から約２億3000万年前に誕生した恐竜。未だに多くの謎に包まれた生態を、様々な手掛かりと最新の研究成果を基に、生き生きと再現しました。さぁ、一緒に恐竜の世界へと旅立ちましょう！

約6600万年前の北米西部、エドモントサウルスに襲いかかる2頭のティラノサウルス。巨体に似合わぬ素早い動きで群れから獲物を分断し、強大なアゴでとどめを刺そうとしている。ティラノサウルスの歯型がついた植物食恐竜の化石は数多く発見されているが、中には、深い傷を負いながらもティラノサウルスから逃げ切り、力強く生き延びた個体も確認されている。

巨大な群れを作り大繁栄した植物食恐竜

エドモントサウルス

➡P102参照

イラスト：恐竜くん

パワーとスピードを兼ね備えた恐竜の王

ティラノサウルス

➡P138、147参照

長大な角を振りかざし、水しぶきをあげながら相手を威嚇するトリケラトプス。角竜類の中でも最も特殊化の進んだ恐竜で、強靭《きょうじん》な体と圧倒的な個体数を誇り、北米西部の広い範囲で大繁栄した。ティラノサウルスと同時代・同地域に生息した恐竜であり、両者の間で激しい争いがあったことを示す化石も多数発見されている。

イラスト：恐竜くん

恐竜時代の最後を飾った最大級の角竜

トリケラトプス

➡P50、151参照

イラスト：恐竜くん

水辺の支配者として君臨した巨大肉食恐竜

スピノサウルス

➡P103、146参照

約1億年前のアフリカ。大型の魚を狙って、物陰から勢いよく飛び出したスピノサウルス。高度に水中生活に適応し、時には全長6mを超えるサメをも餌食にしていた。史上最大の肉食恐竜として名高いものの、化石の産出量は乏しく、長年謎に包まれた幻の恐竜であった。近年の相次ぐ発見で急速に研究が進み、その特異な生態が徐々に解明されつつある。

生きた恐竜の姿を骨格から推測する

遠い昔に絶滅してしまった生きものの姿は、一体どうやって想像するのでしょうか。
基本的には、骨格の化石を基に推測するしかありません。また、誰も見たことのない動物を生き生きと描くには、今生きている動物を観察することも大切です。関節はどのように動いた？　筋肉の量はどのくらい？　体を覆っていたのはウロコ、それとも羽毛？　色や模様はどんなだった？　一歩一歩、その恐竜が生きていた時の姿を探っていきます。

➡P98、102参照

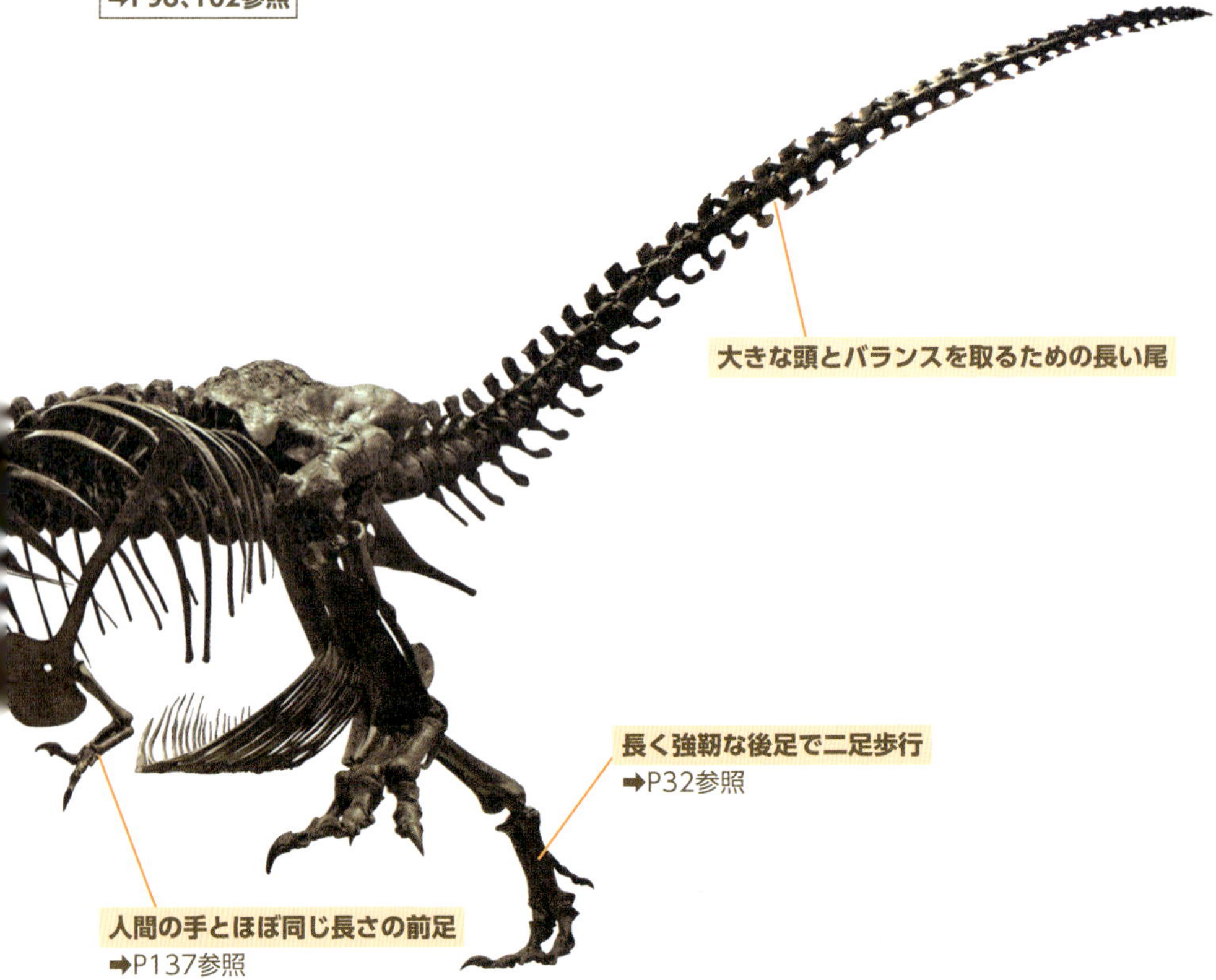

イラスト：恐竜くん

目や体の色、羽毛の有無や皮膚の質感など、まだわかっていない部分は、あえてP3のイラストと変えてみました。同じ恐竜でも、解釈次第でイメージは大きく変わります！

➡P104参照

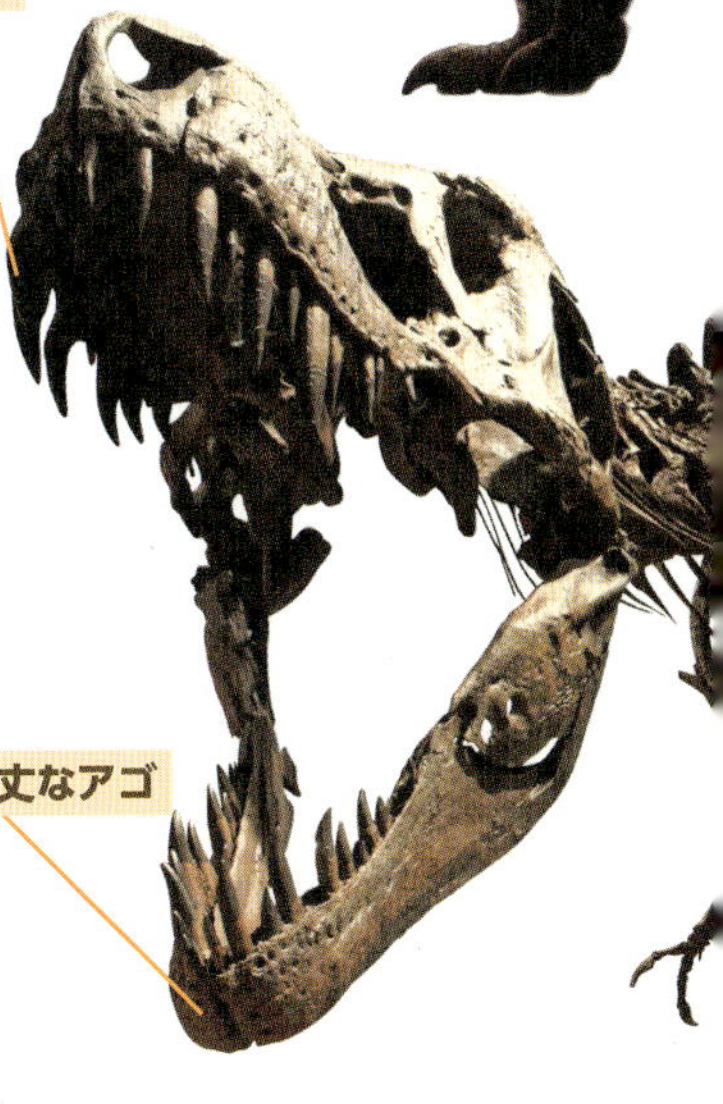

これは、実際の骨格に基づいて描いたティラノサウルスです。最大の武器である頑丈なアゴや、巨体を支える２本の後足、バランスを取るための長い尾には、強力な筋肉が発達していたでしょう。幼少期には鳥のような羽毛で全身が覆われていたと仮定し、成体になって大半の羽毛が抜け落ちた皮膚を想定しています。
口周りは実験的に、上アゴだけに唇が発達し下アゴには唇がないという姿にしてみました。
体の色はまだ手がかりがないため、想像するしかありません。

恐竜の大きさを比べてみよう

一口に恐竜といっても、その姿形は実に様々でした。目立つ角や板を持つもの、首や尾が極端に長いもの、体がふさふさの羽毛で覆われたもの。体の大きさも、びっくりするほど巨大な恐竜もいれば、私たちヒトよりずっと小さな恐竜もいました。種類によってどのくらい大きさが違うのか、主要な恐竜たちを並べて比べてみましょう。

イラスト：恐竜くん

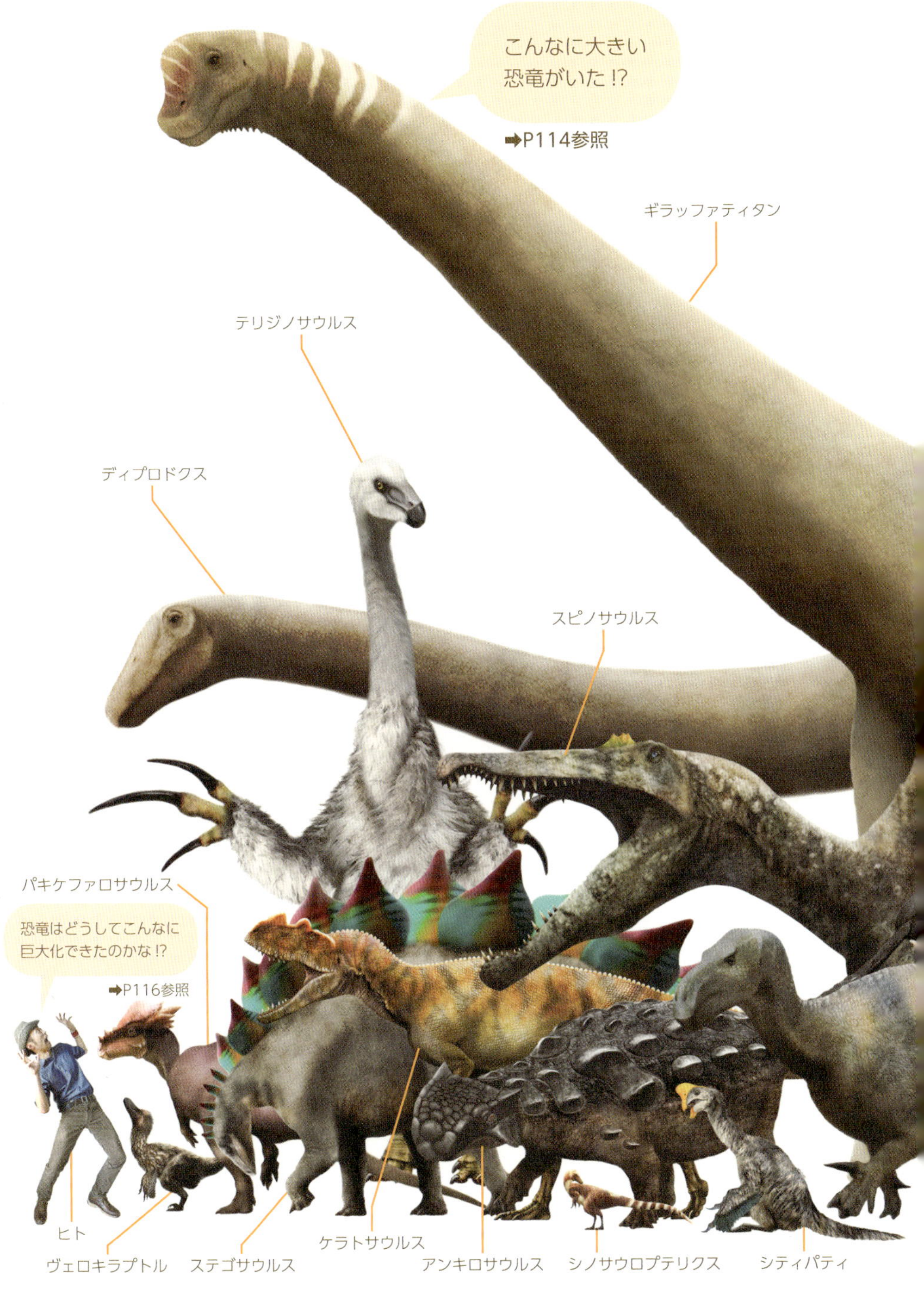

こんなに大きい
恐竜がいた!?
➡P114参照
ギラッファティタン
テリジノサウルス
ディプロドクス
スピノサウルス
パキケファロサウルス
恐竜はどうしてこんなに
巨大化できたのかな!?
➡P116参照
ヒト
ヴェロキラプトル
ステゴサウルス
ケラトサウルス
アンキロサウルス
シノサウロプテリクス
シティパティ

北米の恐竜たち

古くから、最も盛んに発掘・研究が行われてきた北米大陸。特に大陸西部には、白亜紀後期とジュラ紀後期の地層を中心に、ロッキー山脈に沿うように世界有数の化石産地が集中的に存在している。ティラノサウルスやトリケラトプス、ステゴサウルスを筆頭に、「知名度の高い恐竜の化石の大半はこの地域から産出している」といっても過言ではないだろう。

個性的な頭が目を引く

パキケファロサウルス

約 6600 万年前、アメリカ

➡P48、151参照

尾を振り回してアロサウルスと戦った

ステゴサウルス

約 1 億 5 千万年前、アメリカほか

➡P42、150参照

イラスト：恐竜くん

頭から尾の先まで完全武装した
アンキロサウルス
約 6600 万年前、カナダ・アメリカ

➡P44、150参照

ジュラ紀を象徴する大型肉食恐竜
アロサウルス
約 1 億 5 千万年前、アメリカほか

➡P123、147参照

ヨーロッパ・アフリカ・南米の恐竜たち

恐竜研究発祥の地であるヨーロッパは、美しい始祖鳥化石で知られるドイツのゾルンホーフェンをはじめ、各地に個性的な化石産地が点在している。アフリカと南米は近年急速に研究が進んでおり、北半球とは大きく異なる独自の生物相が、徐々に明らかになってきた。南米は、三畳紀の最も原始的な恐竜の化石を産出する「最古の恐竜」の大地でもある。

最も原始的な鳥類

始祖鳥（アーケオプテリクス）

約１億５千万年前、ドイツ

➡P76、149参照

長い首で新鮮な植物を独占した超巨大恐竜

ギラッファティタン

約１億５千万年前、タンザニア

➡P40、114、150参照

イラスト：恐竜くん

恐竜研究史の幕を開いた
イグアノドン
約 1 億 2500 万年前、ベルギーほか

➡P74、151参照

最古の恐竜のひとつ
ヘレラサウルス
約 2 億 3 千万年前、アルゼンチン

➡P146参照

アジアの恐竜たち

化石の質・量ともに世界トップクラスのモンゴル・ゴビ砂漠。また、優れた化石産地を多数擁する中国は、近年は特に相次ぐ「羽毛恐竜」の化石の発見で世界中から大きな注目を集めている。この日本においても、恐竜化石発見の報告は着実に増えており、今後のさらなる研究発展が期待される。

有名映画でお馴染みの「ラプトル」
ヴェロキラプトル
約７千万年前、モンゴル
➡P149参照

1本指の小さな前足
モノニクス
約７千万年前、モンゴル
➡P148参照

世界で最初に見つかった羽毛恐竜
シノサウロプテリクス
約１億２千万年前、中国
➡P86、112、147参照

巨大な爪を持った変わり種
テリジノサウルス
約７千万年前、モンゴル
➡P148参照

イラスト：恐竜くん

はじめに

私と恐竜の出会いは6歳の時、初めて訪れた博物館でのことでした。生まれて初めて見る巨大な骨格の迫力と美しさに圧倒され、一瞬で恐竜のとりこになりました。その時の衝撃を忘れられぬまま、恐竜研究の盛んなカナダに留学。恐竜への思いは途切れることなく、ひたすら追いかけ続けて、今の「恐竜くん」としての活動に至ります。現在は主に、子どもも大人も楽しめるトークショーや恐竜展を全国で開催しています。

本書は最新の発見や研究成果を取り入れることはもちろんですが、恐竜を純粋に「生きもの」としてとらえられるよう「今生きている動物との比較」を特に重視したほか、これまでの恐竜研究の流れを振り返ることで、より深く「恐竜研究の今」を把握できるようになど、基本をとても大切にしています。

初心者の方だけでなく、図鑑を隅から隅まで読み込んで、次の段階へ進もうという恐竜大好きなお子さんや、しっかり恐竜の知識を身につけたベテランの恐竜ファンにも、きっと今までと違った視点で恐竜を見つめ直し、「ゼロから」恐竜を楽しんでいただけるものと思います。

そして本書が、恐竜を通して、生きもの全般や自然、科学や歴史やヒトなど、この世界の様々な事柄に思いを馳せるひとつのきっかけとなってくれたら……そんな願いも込めて書きました(これは私自身の活動テーマでもあります)。

それでは、驚きと発見に満ちた恐竜の世界を、心ゆくまでお楽しみください!

恐竜くん

『知識ゼロからの恐竜入門』

ようこそ、恐竜の世界へ！……1
生きた恐竜の姿を骨格から推測する……8
恐竜の大きさを比べてみよう……10
北米の恐竜たち……12
ヨーロッパ・アフリカ・南米の恐竜たち……14
アジアの恐竜たち……16
はじめに……17

第1章 恐竜とは何なのか？
～「生きもの」として恐竜を正しく理解しよう～

1 まずは基本中の基本から
「恐竜」って何だろう？……22
2 生きものとして恐竜を理解する
系統樹から「恐竜」を知る……24
3 恐竜は絶滅していない
鳥は恐竜である！……26
4 恐竜に間違えられやすい生きもの
翼竜や首長竜は恐竜ではない……28
5 恐竜の特徴①
ほかの爬虫類とどう違う？……30
6 恐竜の特徴②
二足歩行は恐竜のアイデンティティ……32
7 空を飛んだのは必然だった？
恐竜から鳥への進化……34
8 タイプ別に恐竜を見ていこう
恐竜はどんなグループに分けられる？……36
9 二足歩行の肉食恐竜と鳥類からなる恐竜の基本形
竜盤類　獣脚類 Theropoda……38
10 長い首と尾を持った超巨大恐竜
竜盤類　竜脚形類 Sauropodomorpha……40
11 背中に板やトゲを持つ武装恐竜
鳥盤類　装盾類Ⅰ　剣竜類 Stegosauria……42
12 皮骨のヨロイで体を覆う恐竜戦車
鳥盤類　装盾類Ⅱ　曲竜類 Ankylosauria……44
13 「食」を究めて繁栄した恐竜界きっての堅実派
鳥盤類　鳥脚類 Ornithopoda……46
14 分厚く頑丈な頭骨を持つ石頭恐竜
鳥盤類　周飾頭類Ⅰ
厚頭竜類 Pachycephalosauria……48
15 鋭いクチバシと襟飾りが特徴のビッグフェイス
鳥盤類　周飾頭類Ⅱ　角竜類 Ceratopsia……50
もっと恐竜を理解するために①
そもそも「進化」ってどういうこと？……52

第2章 恐竜の世界
～恐竜の繁栄と絶滅～

1 地球年表
恐竜の繁栄はつい最近の出来事!?……54
2 カギとなるのは生物の「絶滅」
時代は何を基準に分けている？……56
3 いわゆる「恐竜時代」はいつのこと？
恐竜が栄えた中生代……58

4 恐竜時代① 三畳紀【約2億5217万年前〜2億130万年前】……60
5 恐竜時代② ジュラ紀【約2億130万年前〜1億4500万年前】……62
6 恐竜時代③ 白亜紀【約1億4500万年前〜6600万年前】……64
7 恐竜時代④ 白亜紀の終焉と新生代の始まり【約6600万年前〜】……66
8 恐竜の絶滅① 絶滅の原因は一体何か？……68
9 恐竜の絶滅② 絶滅のシナリオ —その時何が起こったか—……70
もっと恐竜を理解するために② 大陸の移動と恐竜の多様化……72

第3章 恐竜ハンター列伝 〜恐竜研究史と恐竜を求めた人々〜

1 恐竜研究の歴史Ⅰ 最初の竜と探求者たち（1820年代〜）……74
2 恐竜研究の歴史Ⅱ 始祖鳥と進化論（1861年〜）……76
3 恐竜研究の歴史Ⅲ 恐竜大戦争（1870年代〜）……78
4 恐竜研究の歴史Ⅳ 恐竜ハンターの活躍（1900年頃〜）……80
5 恐竜研究の歴史Ⅴ 恐竜研究の暗黒時代（1930年代〜）……82
6 恐竜研究の歴史Ⅵ 恐竜ルネッサンス（1969年〜）……84
7 恐竜研究の歴史Ⅶ 恐竜研究の最前線へ（1996年〜）……86
もっと恐竜を理解するために③ 「鳥＝恐竜」説は絶対に正しいの？ 科学の考え方……88

第4章 恐竜研究室へようこそ！ 〜最新の恐竜研究を知る〜

1 恐竜発見マップ 〜世界編〜……90
2 恐竜発見マップ 〜日本編〜……92
3 恐竜化石のでき方 恐竜化石は奇跡の産物!?……94
4 目指せ、恐竜ハンター 恐竜化石の見つけ方と発掘法……96
5 本格的な研究の開始 恐竜研究の基本ステップ……98
6 新種の発表には欠かせない 恐竜の名づけ方を教えます……100
7 昔見たあの恐竜は今…… 恐竜の姿や形がコロコロ変わる？……102
8 永遠の謎!? 恐竜の体の色はわからない？……104
9 映画の世界が現実に？ DNAによる恐竜復活は可能か!?……106
もっと恐竜を理解するために④ 恐竜繁栄と鳥類誕生のカギを握る「気嚢」……108

第5章 恐竜の謎と不思議
～素朴な疑問から最新の成果まで～

Q 恐竜は全部で何種類くらいいたの？……110
Q ウワサの「羽毛恐竜」ってどんな恐竜？……112
Q 一番大きい恐竜と一番小さい恐竜は？……114
Q 恐竜はどうして あんなに大きくなれたの？……116
Q 恐竜の寿命や成長速度はどのくらい？……118
Q 恐竜は成長すると姿が変わる？……120
Q 恐竜にはどんな病気やケガがあった？……122
Q 化石から恐竜の性別はわかる？……124
Q 恐竜はみんな卵を産んだ？ 子育てをした？……126
Q 恐竜の歯からはどんなことがわかる？……128
Q 恐竜はゲップ、オナラ、しゃっくり、うんち、おしっこをした？……132
Q 恐竜の知能と感覚は優れていた？……134
Q 恐竜の身体能力はどれくらい？……136
Q ティラノサウルスは 何がそんなに特別なの？……138
恐竜Q＆A……140
もっと恐竜を理解するために⑤
恐竜くん流「博物館や恐竜展の楽しみ方」……144

第6章 恐竜くんのミニ恐竜図鑑

ヘレラサウルス／ケラトサウルス／スピノサウルス……146
アロサウルス／ティラノサウルス／シノサウロプテリクス……147
オルニトミムス／テリジノサウルス／モノニクス……148
シティパティ／ヴェロキラプトル／始祖鳥（アーケオプテリクス）……149
ギラッファティタン／ステゴサウルス／アンキロサウルス……150
イグアノドン／パキケファロサウルス／トリケラトプス……151
恐竜系統樹……152
恐竜骨格図……154
索引……156
主な参考文献……159

第1章

恐竜とは何なのか？

～「生きもの」として恐竜を正しく理解しよう～

もしあなたが「恐竜って何？」と聞かれたら、なんと答えるでしょうか？　とてつもなく巨大な生きもの、鋭い歯を持ったおそろしい肉食動物、角やトゲを生やした生きものなど、なんとなくイメージはできるけれど、具体的には説明できない……という方が多いのではないでしょうか。そこで、まずは「恐竜」とは一体何かを、正確に理解するところから始めましょう。

1

まずは基本中の基本から
「恐竜」って何だろう?

恐竜の基礎知識

科学的な定義や細かい特徴などの難しい話はさておき、まずは大まかに恐竜がどんな生きものなのか、最も基本的な情報から見てみましょう。

なお、「恐竜」はれっきとした学術用語であり、決して俗称や通称ではありません。哺乳類や昆虫類などと同様、「恐竜類」という分類群が正式に定義されています。

POINT 1

恐竜は爬《は》虫類《ちゅうるい》

トカゲやワニと同様、卵で繁殖します。しかし、ほかの爬虫類と違って四肢がよく発達しており、全体的にかなり活動的な動物です。

➡ほかの爬虫類との違いについてはP30、卵についてはP126をチェック!

POINT 2

恐竜は陸上の動物

強靭な足で、陸上を歩き回っていました。多少は水に適応した種類もいましたが、完全な海生の恐竜は見つかっていません。

➡あれ、海にもいたはずじゃ……? と思った人はP28をチェック!

恐竜くん一口メモ 「恐竜類」の語源である「Dinosauria」には、ギリシャ語で「deinos=恐ろしい、驚異的な」+「sauros=トカゲ、爬虫類」という意味がある。「恐竜」は、それを意訳したものである。

POINT 3

途方もなく長い期間、世界中で大繁栄！

1億 6000万年以上にわたり、地上の支配者として君臨。その分布は、北極・南極を含む全世界に及びます。以前は絶滅したと考えられていましたが、実は今も存在する……!?

➡世界の主な恐竜の化石産地は P90、今も存在するかは P26をチェック！

POINT 4

史上最大の陸上動物！……だけど、それだけじゃない

巨大なイメージの強い恐竜ですが、実際には小さいものもたくさんいました。中には、わずか数gの恐竜も！

➡最大の恐竜と最小の恐竜については P114、恐竜巨大化の秘密についてはP116をチェック！

POINT 5

恐竜は食性も形態も千差万別！

肉食や植物食だけでなく、魚や昆虫を主食にするものも。角やヨロイからフワフワの羽毛のあるものまで、形態も多種多様でした。

➡主要な恐竜のグループについては P36、食性については P128をチェック！

恐竜くん一口メモ よく誤解されるが、恐竜を研究するのは考古学でなく、「古生物学」である。古生物学は科学の一分野で、化石を頼りに恐竜やマンモスなどの絶滅した生きものを研究する学問である。

2

生きものとして恐竜を理解する

系統樹から「恐竜」を知る

陸上脊椎動物の系統樹

陸上脊椎動物の進化を図で表したものです。

生きものを知るためのカギは「系統樹」にアリ！

上の図は、**生きものの進化**を表しています。まるで樹木のように次々に枝分かれしていくことから、**系統樹**と呼ばれます。ここで取り上げているのは、陸上脊椎《せきつい》動物の系統樹です。

最初に両生類が枝分かれし、次の分岐点で哺乳類側と爬虫類側と大きく2つの「枝」に分かれます。

本題となるのは、爬虫類の「枝」にある★印の分岐点です。この分岐点こそ**「恐竜類」**の基準として定められた点であり、ここから伸びる二股の「枝」（オレンジ色）の先にいる動物は**すべて「恐竜」である**ということになります。

恐竜くん一口メモ　カメ（爬虫類）の系統樹上の位置に関しては諸説あるため、上図では省略している。近年の研究では、比較的ワニに近い位置（上図におけるワニと首長竜の間の枝辺り）である可能性が高いという。

生きものの分類は、常に進化＝系統樹をベースに考えます。
細かい分類名や用語を覚えることより、何となくでも系統樹をイメージできることの方が重要です。
また、爬虫類や哺乳類といった分類名は、系統樹の「枝」につけられた名前といえます。「爬虫類」という大きな枝の中に「恐竜類」や「翼竜類」といった様々な小枝がある、とイメージしてください。

恐竜について系統樹からわかること

系統樹を見ると、例えば「ヒトはゴリラに近い動物だが、スズメとはかけ離れた動物である」というように、それぞれの生きものがどのような関係にあるかを知ることができます。恐竜に関しては、次のようなことがわかります。

- **恐竜は爬虫類である**
- **恐竜はトカゲよりもワニに近い**
- **スズメ（鳥）は恐竜である**
- **翼竜《よくりゅう》や首長竜《くびながりゅう》は恐竜ではない**

このページの系統樹はかなり簡略化したものではありますが、それでも、実に様々な情報が読み取れるのです。

恐竜くん一口メモ　恐竜類の正式な定義は、「スズメとトリケラトプスの直近の共通祖先及びそのすべての子孫」となる。一見難解だが、系統樹上の恐竜の位置（上図・★印の分岐点から先）をそのまま書き表したものである。

3

恐竜は絶滅していない

鳥は恐竜である！

「鳥は恐竜の生き残り」新説ではなくすでに〝定説〟

前ページの系統樹からも明らかなように、**スズメは恐竜の一種です。**より正確には、**すべての鳥類は恐竜なのです**。鳥類が**獣脚類**《じゅうきゃくるい》（P38）の仲間であることに、もはや疑いの余地はありません。鳥は、絶滅をくぐり抜けて現代も生き続ける**恐竜の生き残り**だったのです（P152参照）。

これは、決して最近提唱されたばかりの真新しい仮説ではありません。あらゆる角度から繰り返し検証され、多数の物証と長年の研究によって強固に裏づけられた、世界中の研究者が認める**定説**です（第3章2・6・7とP88参照）。

「鳥＝恐竜」これまでの先入観を捨てる

「鳥＝恐竜」が定説となって久しいにもかかわらず、専門書や科学番組において、未だに「鳥は恐竜の子孫と考えられている」といった、曖昧な表現が多く見られます。「鳥＝恐竜」が定着しない最大の原因は、昔からの**イメージ**のせいかもしれません。

これまで、恐竜といえば「巨大」「恐ろしい」「絶滅した」など、仰々しいキーワードが並ぶ異形の存在でした。それを今さら、「ウグイスもペンギンも恐竜だ」「恐竜は絶滅していない」「スーパーで恐竜の肉が売られている」などといわれても、にわかには信じがたいかもしれません。

でも、私たち「哺乳類」はどうでしょうか？ ヒトも、小さなネズミも巨大なクジラも、空飛ぶコウモリも、食用のウシも、すでに絶滅しているマンモスも、すべて哺乳類です。その事実を、皆さん躊躇《ちゅうちょ》なく受け入れていませんか？ こんなにも多種多様で、外見も生態もまるっきり異なる動物たちなのに！

生きものを正しく理解しようとする時、**イメージや先入観に左右されてはいけません**。「ヒトもキリンもライオンも哺乳類」であるのと全く同じように、**「スズメもティラノサウルスもペンギンも恐竜（類）」**なのです。

恐竜くん一口メモ 鳥は恐竜時代（P58）からほかの恐竜に混じって当たり前に存在していた。生き残った恐竜が後々鳥に進化したわけではないため、「鳥は恐竜の子孫」という表現は適切ではない。

哺乳類と恐竜類

一例として、哺乳類と恐竜類を比較してみましょう。どちらのグループにも、外見の異なる多彩な動物が含まれます。

哺乳類

基本的に、卵でなく、直接子どもを産み、乳で育てる動物。

恐竜類

約2億3000万年前に出現した爬虫類の仲間。絶滅したと考えられていたが……。

恐竜くん一口メモ　いわゆる「恐竜の絶滅」が起きた時、当時生息していた様々な恐竜の中で結果的に鳥類だけが絶滅を免れ、現在も生き続けている（P66）。ゆえに鳥は「恐竜の生き残り」という認識が最も正確といえる。

4 翼竜や首長竜は恐竜ではない

恐竜に間違えられやすい生きもの

プテラノドンや海生爬虫類は恐竜とは別の生きもの

翼竜や**首長竜**は、恐竜が地上で繁栄していた頃に、空や海で繁栄していた**爬虫類**です。「絶滅した大型爬虫類」ということで、とかく恐竜と混同されやすい動物たちですが、P24・25の系統樹を見ていただければ明らかなように、**彼らは恐竜ではありません。**

翼竜は恐竜にかなり近い生きものですが、首長竜は、むしろ**トカゲやヘビの方のグループ**に含まれ、恐竜からはかなり遠い生きものということになります。『ドラえもん　のび太の恐竜』という作品をご存知でしょうか。この作品の中で、のび太に育てられた「ピー助」も、実際には首長竜フタバサウルスの子どもであるため、やはり恐竜ではありません。

恐竜と一緒にされやすいが実は哺乳類に近いものも

ほかに恐竜と誤解されやすい生きものの代表として、**ディメトロドン**という動物がいますが、もはや**爬虫類ですらなく、実は、私たち哺乳類に近い動物なのです。**繰り返しになりますが、私たちの勝手なイメージで生きものをとらえてはいけないということが、おわかりいただけるかと思います。

ディメトロドン

爬虫類ではなく、哺乳類側の動物である「単弓類《たんきゅうるい》」の一種。早い話、**恐竜より人間に近い**。多くの博物館に骨格標本などが展示されているので、恐竜と比べてみよう。

恐竜くん一口メモ　フタバサウルスは、長年「フタバスズキリュウ」という仮の名前で親しまれてきたが、近年、正式にフタバサウルス・スズキイ（*Futabasaurus suzukii*）の学名で発表された。

恐竜っぽい？　実は全く異なる生きものたち

絶滅した大型爬虫類ということから、恐竜と間違われやすい生きものたち。中には爬虫類ですらないものもいます。

首長竜

恐竜時代の海を泳ぎまわっていた爬虫類。「ネッシー」などの未確認生物の正体ではないか!?といわれることも。見た目に反して、**恐竜との繋がりは薄い**。

翼竜

恐竜時代に空を支配していた爬虫類。初めて空を飛んだ脊椎動物であると同時に、大きなものでは翼長 10m 以上にもなる史上最大の飛行生物でもあった。

モササウルス類

恐竜時代の終盤に登場した海生爬虫類。系統的にオオトカゲやヘビに近い動物と考えられており、やはり恐竜とは縁遠い存在といえる。

恐竜くん一口メモ　以前は、哺乳類は爬虫類から進化したと誤って考えられていたため、ディメトロドンなどの原始的な単弓類は「哺乳類型爬虫類」と呼ばれていた。現在、この呼称は使われていない。

5

恐竜の特徴①

ほかの爬虫類とどう違う?

恐竜は直立歩行する爬虫類

恐竜の「進化」と「生態」を理解する上で、最も基本となる特徴は、彼らが**直立歩行する動物である**という点です。ここでいう直立歩行は、私たち人間のように「体を立てて歩く」という意味ではありません。

通常、両生類や爬虫類は体の横に大きく肘や膝を張り出し、地面を這うような姿勢で、体をくねらせながら歩きます。一方、哺乳類や鳥などは、**体の真下に真っ直ぐ足を伸ばした姿勢**で、スタスタと直線に歩きます。これを直立歩行と呼び、**爬虫類でありながら完全な直立歩行を確立している**という点が、恐竜の大きな

トカゲと恐竜の姿勢の違い

恐竜とトカゲ。一見似たイメージを持たれがちですが、本当は大きく異なります。それぞれの違いを見比べてみましょう。

トカゲ

一般的な爬虫類は、四肢を横に突き出して這うような姿勢で歩く。

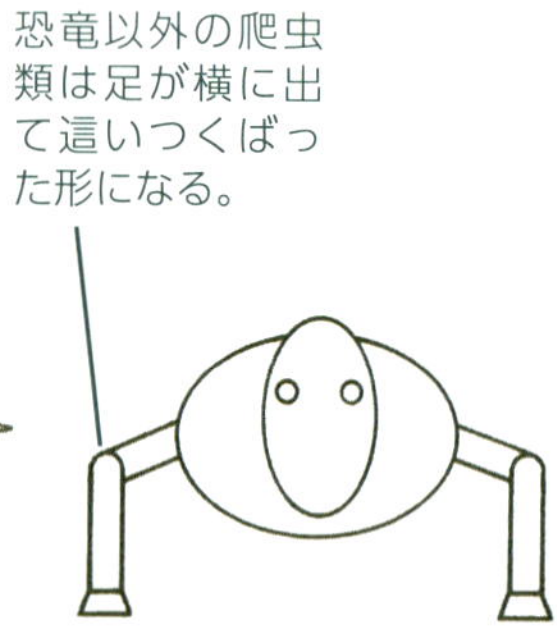
恐竜以外の爬虫類は足が横に出て這いつくばった形になる。

恐竜

鳥を含む恐竜は、哺乳類と同様に真っ直ぐ足を伸ばした状態で歩く。

恐竜は哺乳類のように足が真下に伸びる。

恐竜くん一口メモ　恐竜以外の爬虫類でも、恐竜にごく近縁な動物や原始的なワニ類の中に直立歩行するものがいたが、関節の構造は全く違っていた(P33)。いずれにしても恐竜とその仲間に特有の姿勢といえる。

巨大化、スピード、
多様な形態……。
直立歩行がもたら
した様々な恩恵。

特徴なのです。

直立歩行は恐竜繁栄のカギだった

直立歩行には丈夫な関節や発達した筋肉が必要となりますが、その分、様々な利点があります。

まず、足が直立した姿勢であれば、より効率良く体重を支えられるため、**高い運動性**の獲得や**体の大型化**が可能となります。また、**頭部の著しい巨大化**や、**重い装飾・装甲の発達**などにも耐えられるため、結果的に**形態の多様化**を促したと考えられます。

直立歩行は、**恐竜の多様化と繁栄の根底を支えた「成功のカギ」**だといえるでしょう。

恐竜くん一口メモ　ワニの祖先はもともと半直立歩行で活動的だった（P61）ものが、半水生へ適応する過程で二次的に腹這いの姿勢に戻ったものと考えられている。

恐竜の系統樹に見る歩行姿勢の変遷

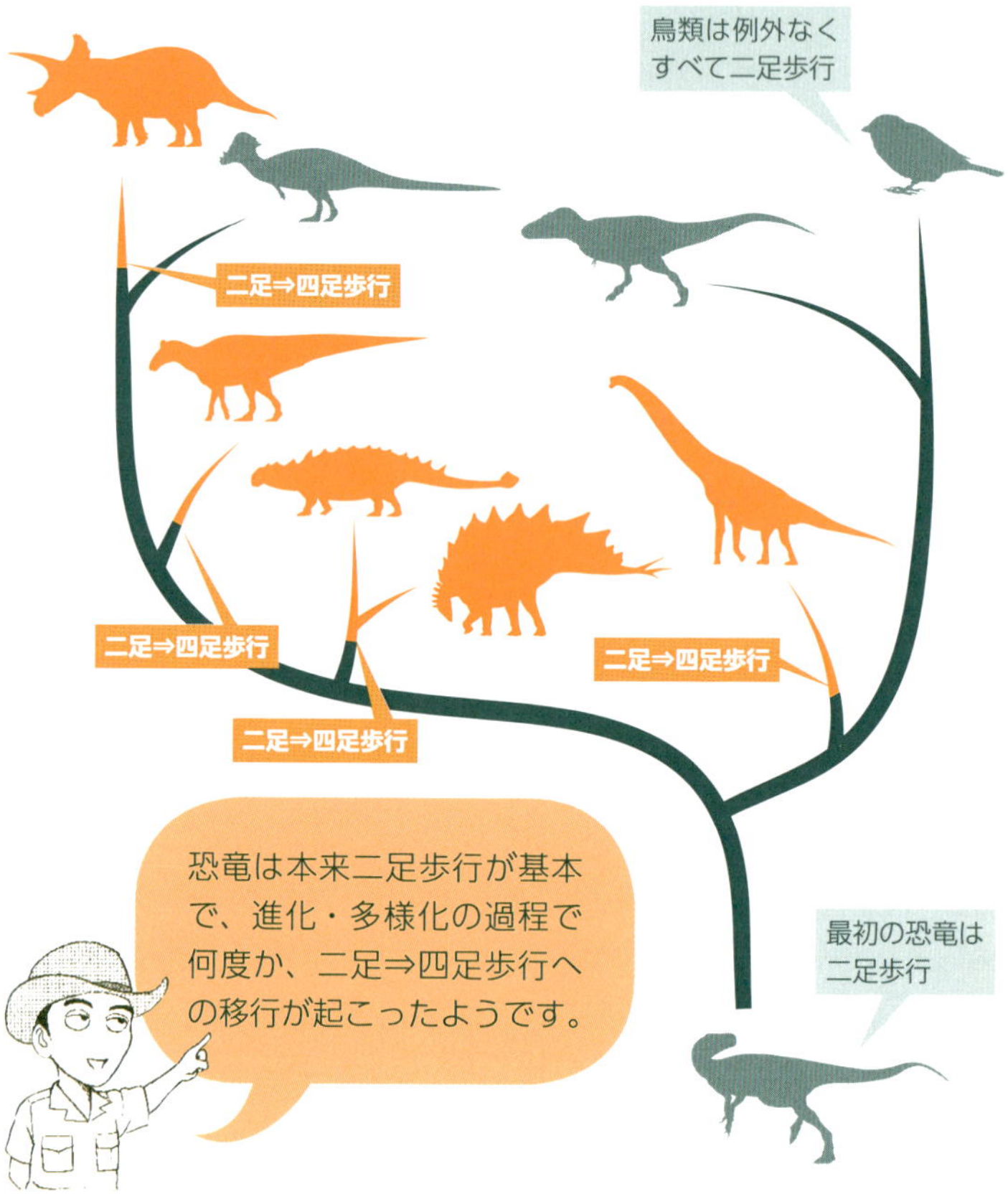

6

恐竜の特徴②

二足歩行は恐竜のアイデンティティ

かなり珍しい!? 2本足で歩く動物

恐竜は2本の後足だけで歩く**「二足歩行」を基本とする非常に珍しい動物です**。両生類・爬虫類・哺乳類、いずれの陸上脊椎動物も、4本足すべてを使う**四足歩行**がほとんどで、全生物史を通して見ても**二足歩行は極めてまれ**です。現生で完全な二足歩行といえるのは、恐竜の末裔《まつえい》である**鳥類**と、私たち**ヒト**くらいでしょう。

四足歩行の祖先から例外的に二足歩行に移行した人類と違って、恐竜は、**最初の恐竜からすでに完全な二足歩行**であったと考えられます。つまり、恐竜は本来二足歩行の動物であり、4本足で歩く恐竜の方が**二次的に四**

恐竜くん一口メモ　哺乳類でもカンガルーやトビネズミは2本足で移動するが、姿勢の維持や移動に際して尾や前足を補助として使うため、鳥(恐竜)やヒトの二足歩行とは異なる。

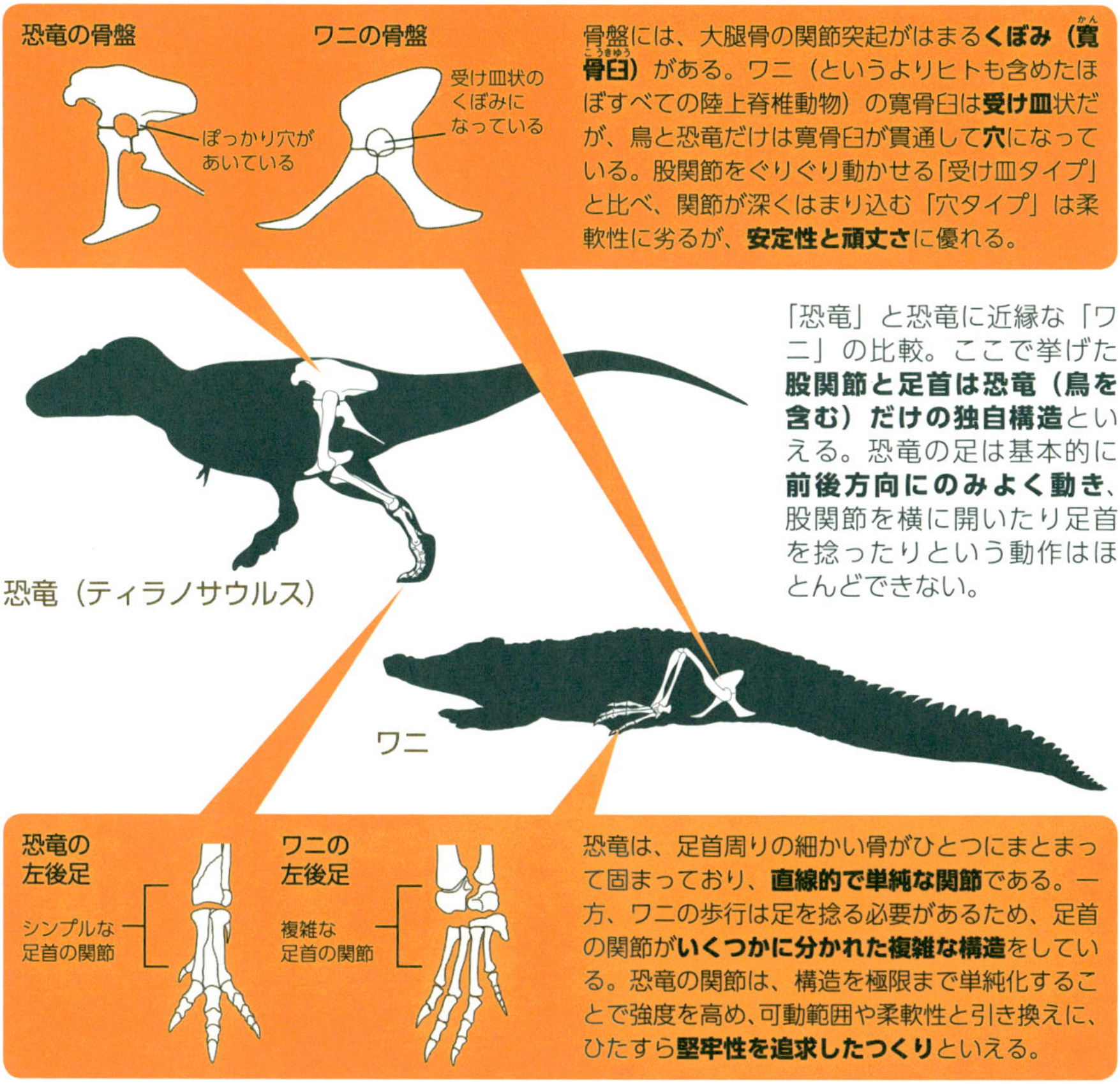

骨盤には、大腿骨の関節突起がはまる**くぼみ（寛《かん》骨臼《こうきゅう》）**がある。ワニ（というよりヒトも含めたほぼすべての陸上脊椎動物）の寛骨臼は**受け皿**状だが、鳥と恐竜だけは寛骨臼が貫通して**穴**になっている。股関節をぐりぐり動かせる「受け皿タイプ」と比べ、関節が深くはまり込む「穴タイプ」は柔軟性に劣るが、**安定性と頑丈さ**に優れる。

「恐竜」と恐竜に近縁な「ワニ」の比較。ここで挙げた**股関節と足首は恐竜（鳥を含む）だけの独自構造**といえる。恐竜の足は基本的に**前後方向にのみよく動き、**股関節を横に開いたり足首を捻ったりという動作はほとんどできない。

恐竜は、足首周りの細かい骨がひとつにまとまって固まっており、**直線的で単純な関節**である。一方、ワニの歩行は足を捻る必要があるため、足首の関節が**いくつかに分かれた複雑な構造**をしている。恐竜の関節は、構造を極限まで単純化することで強度を高め、可動範囲や柔軟性と引き換えに、ひたすら**堅牢性を追求したつくり**といえる。

足歩行に移行した結果なのです。これは、生物進化史上でもほかに例のない、かなり特殊なケースです。

二足歩行なくして恐竜は語れない

恐竜は、2本の後足だけで体重を支える必要性から、腰周りや後足の関節といった**歩行に直結する部位**に多くの特殊化が見られます。とりわけ、股関節や足首の関節は**恐竜の独自規格**と呼ぶべきユニークなつくりをしており、骨格上の大きな特徴になっています。こういった特異な関節構造は、四足歩行に移行した恐竜にも「二足歩行していた頃の名残」としてそのまま受け継がれているため、**恐竜全体に共通の特徴**として、**分類上の重要な指標**ともなります。二足歩行は、恐竜という生きものを正しく理解するために不可欠な、最重要ポイントといえるでしょう。

恐竜くん一口メモ ヒトの四肢の関節は特に複雑で繊細なため、可動域が広く器用に動かせるが、とても脆《もろ》い。同じ二足歩行でも、柔軟性を犠牲に強度を優先した恐竜とは正反対の構造といえる。

7

空を飛んだのは必然だった？

恐竜から鳥への進化

恐竜から鳥への進化

現時点での情報に基づき推測された鳥へ至る過程。新たな特徴を獲得しながらも、恐竜本来の基本的な特徴を維持し続けている点に注目。

①広く恐竜に見られる基本的な特徴や特性
●**二足歩行**（＝前足が自由になる）
●**軽量化された体**
●**洗練された呼吸システム**（P108参照）
●**高い基礎代謝と高い運動能力**
これらの特徴は進化とともにより洗練されていったと考えられる
②**保温（体温調節）**のための**原始的な羽毛**（第1～第2段階）が発達する。堅牢性を保ちつつも、骨格のさらなる軽量化が進む
③保温用だった羽毛が**運動の補助や装飾として二次的に活用**されることでさらに発達（第3段階）。**前足に翼**が形成されはじめる

空を飛ぶ「素質」はもともとあった？

近年の研究では、恐竜から鳥への進化は**約5000万年かけて進行した**とされます。その過程にはまだ謎が多いものの、着実に解明は進んでいます。上の図は、現状の研究成果に基づく**恐竜から鳥への進化**です。

鳥の外見上の特徴である**羽毛や翼**は、進化の過程で発達した、いわば後から獲得した特徴です。一方、**軽量化された体や洗練された呼吸**などは恐竜の基本的な特徴で、**もともと備えていた素質**のようなものです。

鳥という、類いまれなる飛行生物が恐竜の中から誕生したことは、必然だったのかもしれません。

恐竜くん一口メモ 鳥類同様、恐竜は視覚コミュニケーションを重視する動物であったと考えられ、その性質が羽毛（特に翼）の発達と複雑化を大きく促したと推測される。

⑥鳥の誕生。飛行生物として洗練・完成されていく過程で、下記のような変化が起こったと考えられる
●３本あった手の指が癒合して、頑丈な塊となって力強く翼を支える
●胸の骨と筋肉が大きく発達し、力強い羽ばたきや飛行が可能になる
●尾の短縮や歯の消失をはじめ、全身のさらなる軽量化が進む
⑤樹上性の小型恐竜が木から木へと飛び移る際に、発達した翼が滑空に転用される。徐々に羽の形状が飛行に適した形に変化し（第５段階）、羽ばたいての飛行が可能になる
④様々な用途に翼を多用するうち、前足が頑強になり、肩や手首の関節の可動性が上がることで羽ばたきや翼を折りたたむ動作ができるようになる。前足の羽はより緻密で丈夫な構造になる（第４段階）

羽毛の進化

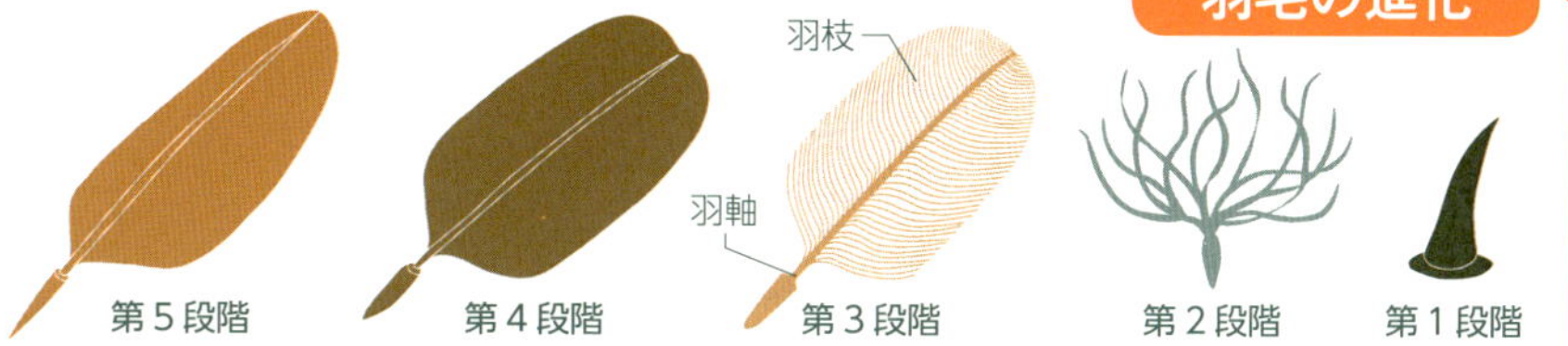
羽枝
羽軸
第５段階
第４段階
第３段階
第２段階
第１段階

第１段階：単純な筒状の繊維構造
第２段階：フサ状の細長い繊維の束。第３段階とともにダウン（綿毛）と呼ばれる
第３段階：羽軸から多数の羽枝が生えた平面的な構造。羽枝と羽枝の間に隙間があり、空気を通す
第４段階：羽枝の表面の極小構造が互いに絡み合った状態。緻密で隙間がなく、空気を通さない
第５段階：飛行に適した左右非対称の羽。風切り羽と呼ばれる

※羽毛に関してはP112も参照

恐竜くん一口メモ 恐竜から鳥への進化を見てもわかるように、鳥は今もなお恐竜本来の特徴や特性を色濃く残している。鳥を知ることは、そのまま恐竜を理解することに直結しているといってよい。

8

タイプ別に恐竜を見ていこう

恐竜はどんなグループに分けられる？

恐竜類の系統樹

恐竜類は大きく７つのグループに分けられます。それぞれの特徴と合わせて見てみましょう。

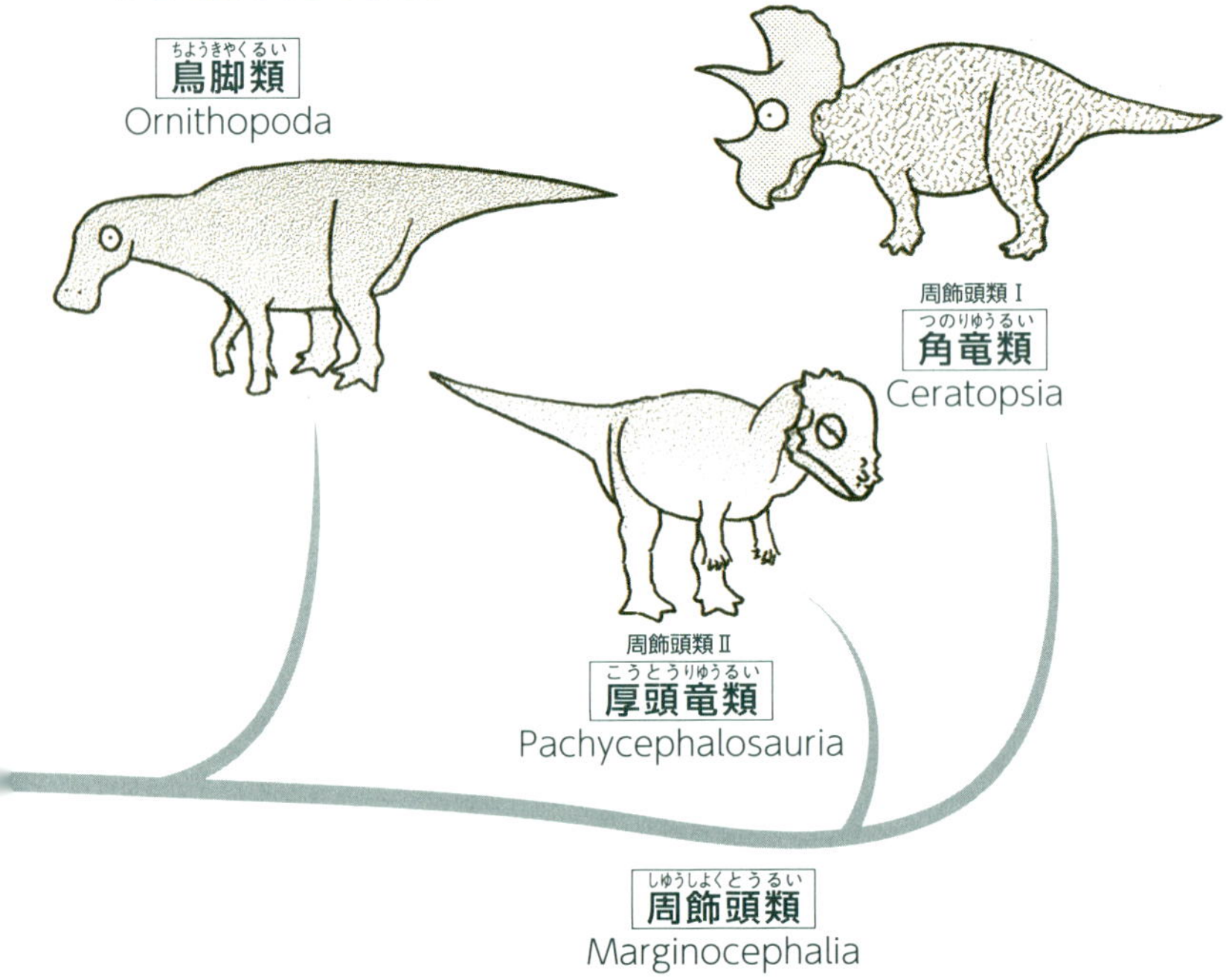

恐竜は大きく2つ さらに7つに分けられる

ここからは、主要なグループごとに、恐竜を紹介します。

恐竜類はまず、大きく分けて2つのグループに枝分かれします。超大型恐竜や肉食恐竜、鳥類などを含む**竜盤類《りゅうばんるい》**と、多様な植物食恐竜を含む**鳥盤類《ちょうばんるい》**です。

さらに、竜盤類・鳥盤類の2大グループは、上記の通り7グループに枝分かれします。

名前の意味は気にしない！ 分類名は「記号」と割り切る

鳥盤類の中に鳥脚類というグルー

恐竜くん一口メモ 竜盤類・鳥盤類の名称はかつて「骨盤」の形を基準に恐竜が二分されていた時代の名残。名称は継続して使われているが、現在は、単独の特徴だけを指標に分類しているわけではないので注意が必要。

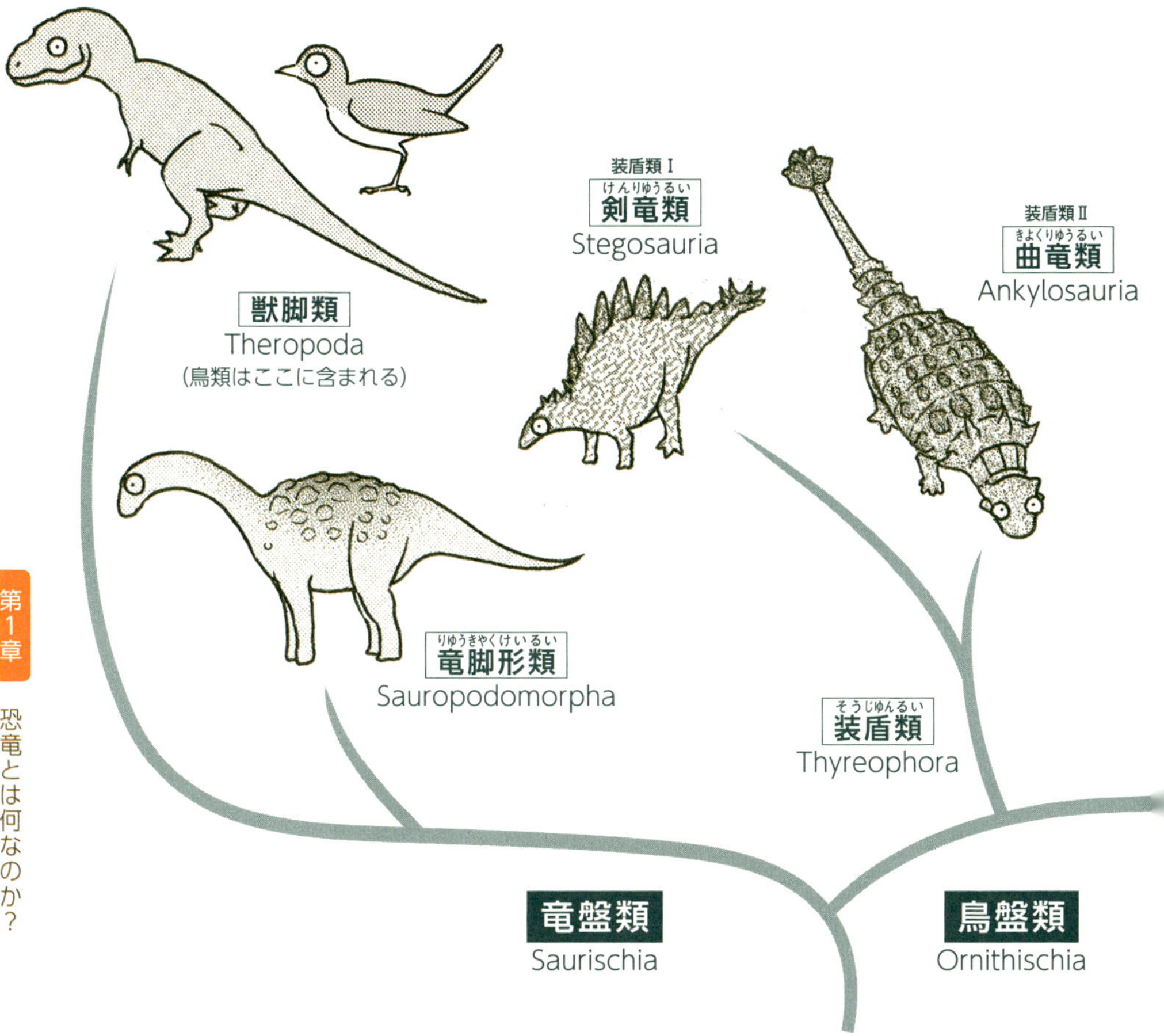

プがありますが、なんと鳥とは何の関係もありません。ややこしいことに、鳥類は竜盤類の獣脚類に含まれます。分類名は、あくまで**命名当時のイメージ**に基づくものですから、その後の発見や研究の変遷とともに、**当時の意味合いが失われていくことは必然**といえます。分類名は**一種の「記号」とみなすべき**ものなのです。言葉のイメージに囚われないよう、注意しましょう。

次のページからは、**主要7グループ**を代表的な恐竜とともに紹介します。
図鑑や博物館などで恐竜を見た時に、大まかに「どのグループの仲間なのか」を見分けられるよう、それぞれの特徴をできるだけわかりやすく簡潔にまとめていきますので、ご活用ください。

恐竜くん一口メモ 竜盤類と鳥盤類が最初に提唱されたのは1888年、獣脚類や鳥脚類は1881年のこと。命名当時の意図と現在の理解にズレが生じてしまうのも無理はないかもしれない。

9

竜盤類

獣脚類 Theropoda

二足歩行の肉食恐竜と鳥類からなる恐竜の基本形

獣脚類 Theropoda

時代：三畳紀後期～現代
（約2億3000万年前～現代）
分布：全世界
大きさ：全長5cm～15m
体重2g～10t程度
主な種類：ティラノサウルス、スピノサウルス、ヴェロキラプトル、アロサウルス、ケラトサウルス、始祖鳥、スズメ、カラスなど

獣脚類は、恐竜類の中で唯一絶滅しておらず、約1万種にも及ぶ**鳥類として現在も繁栄し続ける**恐竜界一の出世頭です。最古の原始的な種類から現生鳥類に至るまで、既知のすべての獣脚類は**完全な二足歩行動物**であり、2億年以上にわたって恐竜本来の形態を守り続ける、最も保守的な**恐竜らしい恐竜**といえます。

獣脚類全体を指して「肉食恐竜」と呼ぶこともあるように、鋭い歯や爪を持った**肉食の恐竜は例外なくすべて獣脚類**です。大型種は全長十数mに達し、紛れもなく**地球史上最大の陸上肉食動物**でした。ただ、二次的に**植物食や雑食などに適応したものが多いため、すべての獣脚類が肉食というわけではありません。**

従来、鳥類固有の特徴と考えられてきた羽毛は、実は進化のかなり早い段階で発達したものであったらしく、広く獣脚類全体に共通の特徴であった可能性もあります。

羽毛恐竜キロステノテスを襲うティラノサウルス。同じ獣脚類の間にも「食う、食われる」の関係は存在した。

恐竜くん一口メモ　2014年に大型の獣脚類スピノサウルスが半水生の四足歩行恐竜であるという仮説が発表されたが、断片的な化石に基づく推論のために反論も多く、まだ決着していない。

ティラノサウルス *Tyrannosaurus*

たものもいた
翼状の前足を持つものも
基本的に後足は長く、
頑丈な足で二足歩行する

魚食に特化したバリオニクス。体内の化石から消化途中の魚の化石が発見されている。

植物食に適応した羽毛恐竜ベイピアオサウルス。前足の爪が異様に発達したテリジノサウルス類の一種。

恐竜くん一口メモ 系統的に鳥類に近い種類になるほど、獣脚類の植物食化傾向は強くなり、純然たる肉食恐竜の方が少数派になるとの研究結果もある。

10

竜盤類

竜脚形類

長い首と尾を持った超巨大恐竜

Sauropodomorpha

ギラッファティタン *Giraffatitan*

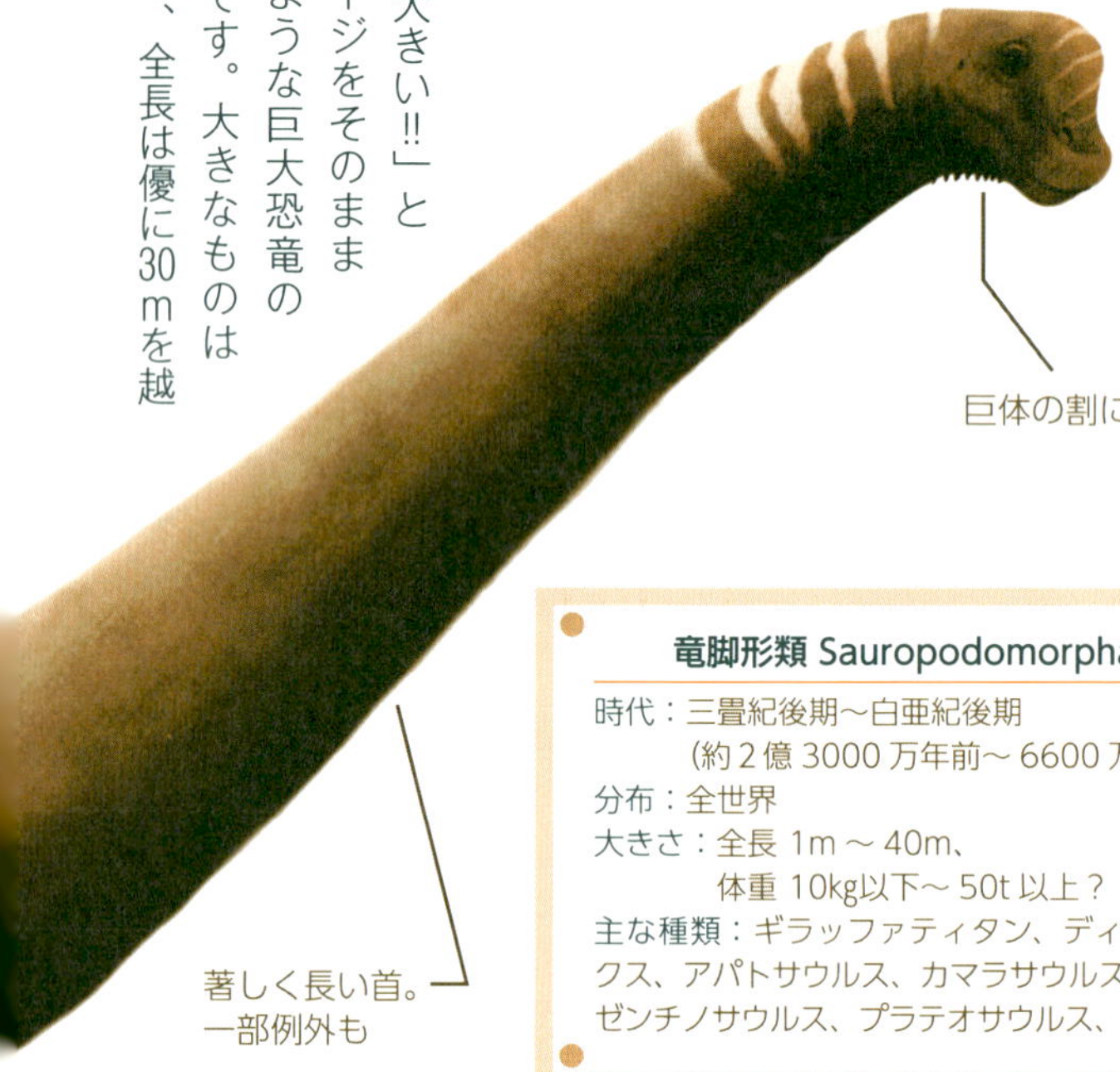

「恐竜は大きい!!」というイメージをそのまま体現したような巨大恐竜のグループです。大きなものは体重数十t、全長は優に30mを越

竜脚形類 Sauropodomorpha

時代：三畳紀後期～白亜紀後期
（約2億3000万年前～6600万年前）
分布：全世界
大きさ：全長 1m～40m、
体重 10kg以下～50t以上？
主な種類：ギラッファティタン、ディプロドクス、アパトサウルス、カマラサウルス、アルゼンチノサウルス、プラテオサウルス、など

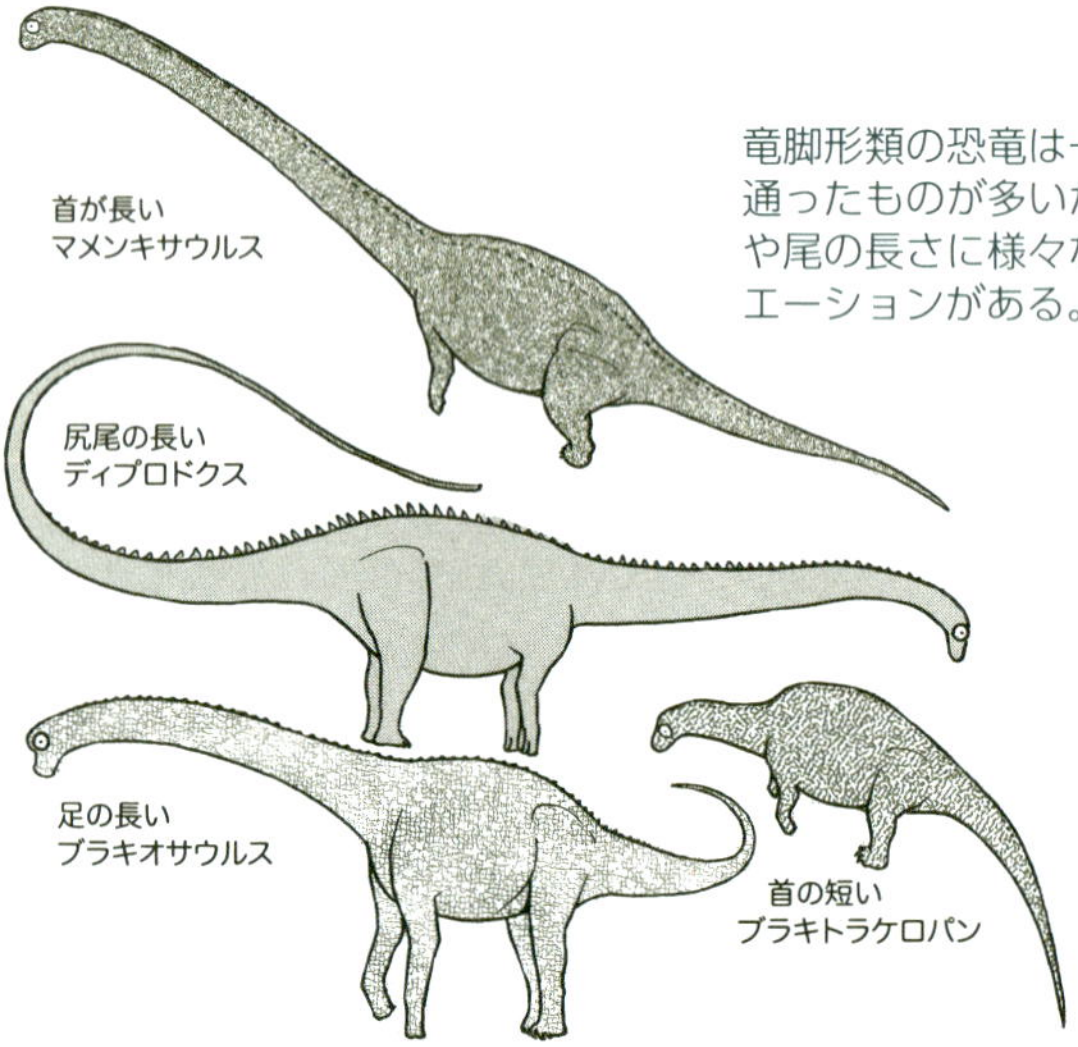

竜脚形類の恐竜は一見似通ったものが多いが、首や尾の長さに様々なバリエーションがある。

恐竜くん一口メモ 竜脚形類の頭骨は体の割に極端に小さく、非常に脆く繊細な構造であるため、化石として残りにくい。実は、既知の竜脚形類の大半は頭部の化石が発見されていない。

え、**全地球生命史を通じて最大の陸上動物**でした。ただ、体の構造自体は極限まで重量を抑えるつくりになっており、体格の割には意外なほど軽量だったともいえます。

竜脚形類のメンバーは、基本的に四足歩行の植物食恐竜で、**長い首と長い尾、大きな体に小さい頭**というわかりやすいシルエットのお陰で、他グループの恐竜と見分けるのは比較的容易です。

そんな竜脚形類ももとから巨大だったわけではなく、**最初は獣脚類とよく似た二足歩行の小型恐竜**であったものが、急速な大型化とともに、四足歩行へと適応していったようです。初期の原始的な小型〜中型種には、状況に応じて二足・四足歩行を使い分けていたと思われるものもおり、また、特殊な環境下で例外的に小型化した例や、かなり首が短くなった例も知られています。

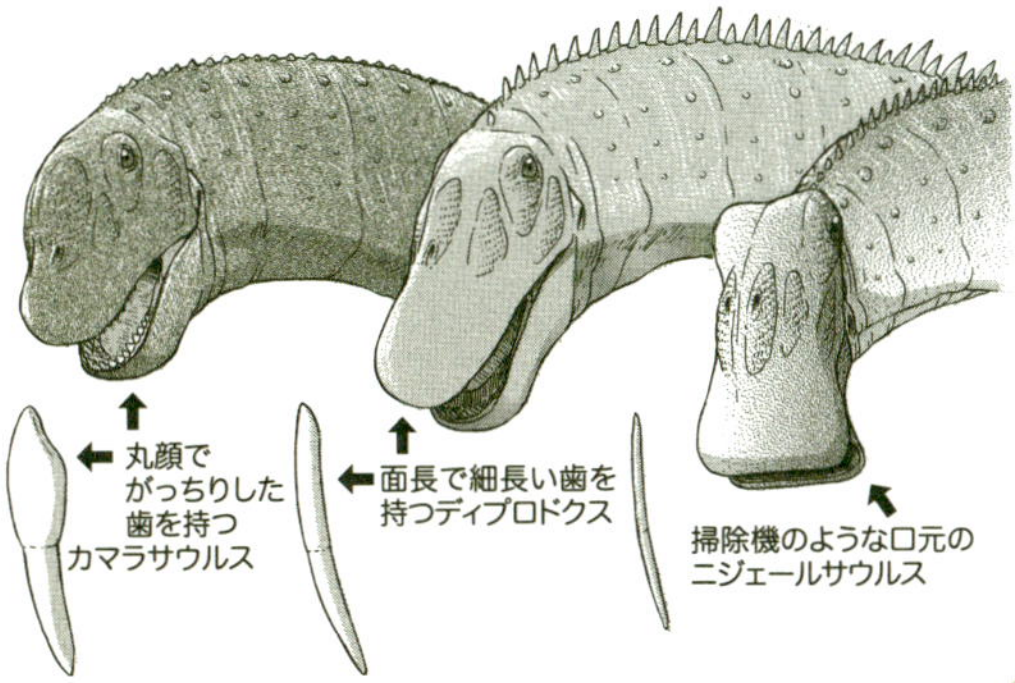

頭部や歯の形状にもいくつかのタイプがあり、食性の違いによるものと考えられる。

恐竜くん一口メモ 従来このグループは原始的な「古竜脚類」と進化した「竜脚類」に二分されてきたが、現在、古竜脚類は無効になっている。竜脚形類は「竜脚類＋かつて古竜脚類に含まれた恐竜」をすべて含む分類群である。

11

鳥盤類

装盾類 I 剣竜類 Stegosauria

背中に板やトゲを持つ武装恐竜

ステゴサウルス *Stegosaurus*
背中にトゲまたは板状の皮骨が並ぶ
小さな頭。口先はクチバシ状

装盾類とは、体の中心線に沿って背中に並ぶ**皮骨**《ひこつ》（板やトゲ）を特徴とする、植物食恐竜のグループです。大半のものは四足歩行ですが、最も初期の原始的なものは二足歩行または二足・四足両用であり、やはりもとは二足歩行の小型恐竜から進化したようです。

装盾類の中の一グループである**剣竜類**は、皮骨が縦に伸びて**背中に並ぶ長いトゲまたは板の列**になっている点が最大の特徴です。

全体的な傾向として、**小さくて細長い頭と非常に短い前足**を持っていました。完全な四足歩行でありながら**後足と比べて前足が極端に短い**というアンバランスな体型から、素早く走り回るようなことはできず、**基**

恐竜くん一口メモ　剣竜類の背中の皮骨は骨格と繋がっていないため、化石は大抵バラバラになって発見される。そのため、皮骨の正確な位置や間隔などは完全に判明しているわけではない。

尾の先端に長大なトゲ。腰の筋肉が発達しており、横方向に力強く尾を振り回せた
短い前足に対し、意外と長めの後足

尾を振り回して獣脚類ケラトサウルスと戦うステゴサウルス。

本的にゆったりと動く動物だったと考えられています。

尾の先端近くにあるトゲは特に長く鋭く発達しており、身を守るための有効な武器だったようです。実際に、剣竜類の反撃によるものと思われるケガを負った大型肉食恐竜の化石も発見されており、緩慢な動きに反して、意外にも攻撃的な動物であったのかもしれません。

剣竜類 Stegosauria

時代：ジュラ紀中期～白亜紀前期
（約 1 億 6700 万年前～
1 億 1000 万年前）
分布：北アメリカ、ヨーロッパ、
アジア、アフリカ
大きさ：全長 3m ～ 9m、
体重 100kg～ 5t 程度
主な種類：ステゴサウルス、ケントロサウルス、ファヤンゴサウルス、トゥオジャンゴサウルス、ダケントルルス、ウェルホサウルス、など

恐竜くん一口メモ　ステゴサウルスの背中の板については「体温調節のための放熱板」「身を守る装甲」など長年議論されている。同種間のコミュニケーションなど視覚的な役割も大きかったかもしれない。

12

鳥盤類

装盾類 II 曲竜類 Ankylosauria

皮骨のヨロイで体を覆う恐竜戦車

アンキロサウルス *Ankylosaurus*

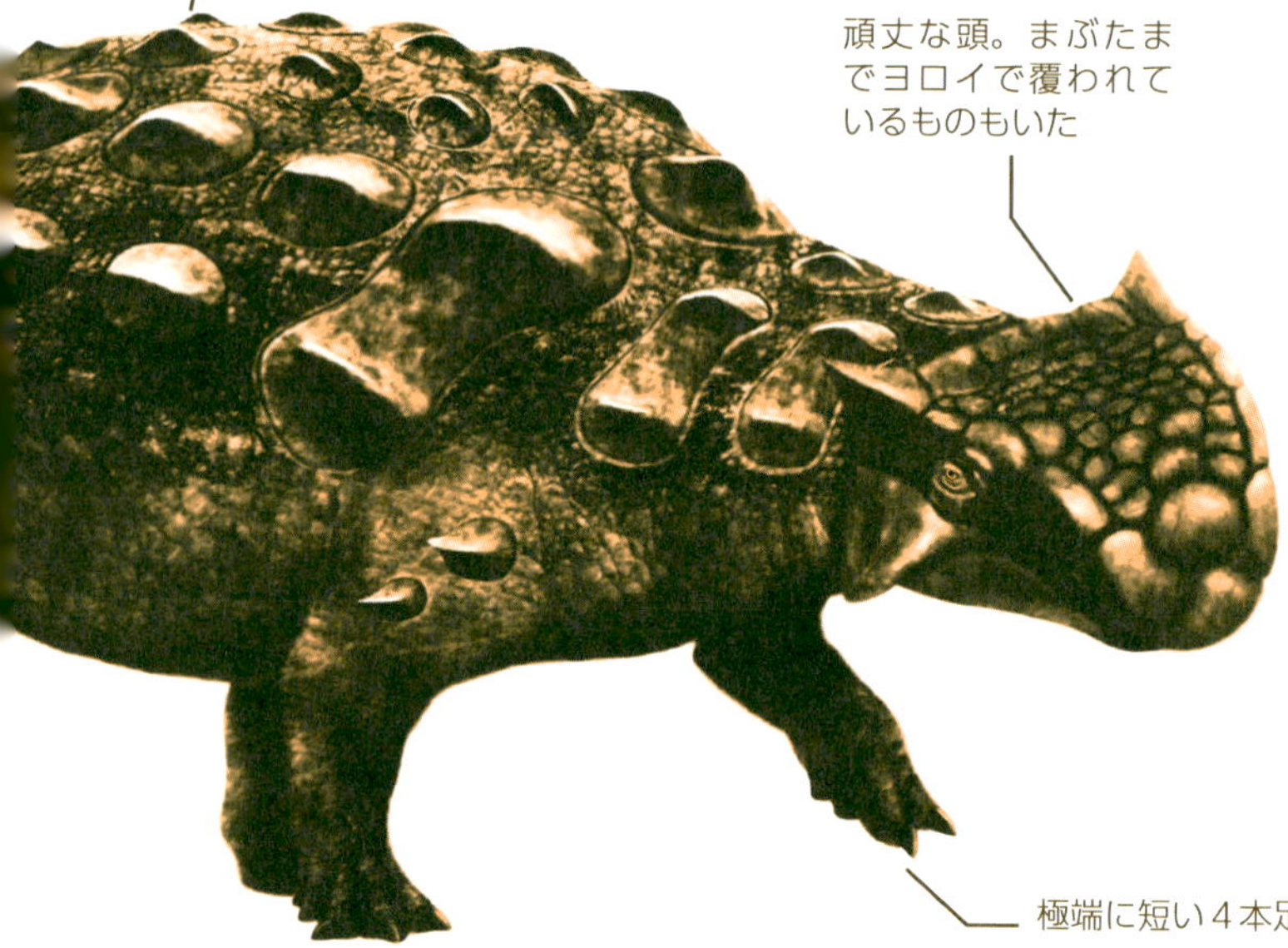
異様なほど幅広い胴体。背中から脇腹にかけて皮骨で覆われている

Edmontonia《エドモントニア》

上半身に巨大なトゲを持った、典型的なノドサウルス類の恐竜エドモントニア。

恐竜くん一口メモ　曲竜類は頑丈そうな骨格の割に化石の産出量は多くない。個体数が比較的少なかったのか、あるいは化石の残りにくい環境に住む動物であったのか、理由はわかっていない。

装盾類のもう一方のグループである**曲竜類**は、**体の広い範囲を覆う皮骨のヨロイ**を最大の特徴とする植物食の恐竜で、別名「ヨロイ竜」とも呼ばれます。ほかの恐竜とは大きく異なる**極端に短い手足**と**平たくて幅広い胴体**のせいで、まるで「歩く座卓」とでも呼ぶべき不思議な姿をしていました。やはり敏捷《びんしょう》に動き回るような動物ではなく、捕食者に対しては、自慢のヨロイで身を守っていたものと思われます。

曲竜類は主に2つのグループに分けられ、**前後に短い頭とやや軽装のヨロイを持ち、尾の先端部がハンマー状**になっていることを特徴とする**アンキロサウルス類**と、**平らで細長い頭と重厚なヨロイに、首から肩にかけて発達した大きなトゲ**を持つ**ノドサウルス類**に分けられます。

尾の先がハンマー状になっているタイプもいる

曲竜類 Ankylosauria

時代：ジュラ紀中期〜白亜紀後期（約1億6700万年前〜6600万年前）
分布：アフリカ以外の全大陸
大きさ：全長 2m〜9m、体重 100kg〜5t程度
主な種類：アンキロサウルス、エドモントニア、ピナコサウルス、エウオプロケファルス、サイカニア、サウロペルタ、など

ブッブー
ブー
ピナコサウルス
Pinacosaurus

アンキロサウルス類のピナコサウルス。曲竜類にしては珍しく、幼体も含む豊富な化石が見つかっている。

恐竜くん一口メモ 曲竜類の背中の皮骨はワニの背中のものと非常によく似ている。ワニの皮骨には体温を効率よく下げる冷却効果があることから、曲竜類の皮骨も単なる装甲以上の意味があったと考えられる。

13

鳥盤類

鳥脚類 Ornithopoda

「食」を究めて繁栄した恐竜界きっての堅実派

体に横幅がなく、縦に薄い

イグアノドン *Iguanodon*

北米のカモノハシ竜パラサウロロフス。鼻骨が伸びたトサカは空洞になっており、ここを鳴らして、大きな声を出したと考えられている。

恐竜くん一口メモ　カモノハシ竜の語源は「Duck-bill（カモのクチバシ）」であり、哺乳類のカモノハシ（Platypus）とは関係ないため、言葉の正確性を期して「カモハシ竜」とする場合がある。

鳥脚類 Ornithopoda

時代：ジュラ紀中期〜白亜紀後期
（約 1 億 6900 万年前〜 6600 万年前）
分布：全世界
大きさ：全長 60cm 〜 17m、体重 1kg〜 15t 程度
主な種類：イグアノドン、エドモントサウルス、ヒプシロフォドン、パラサウロロフス、ランベオサウルス、マイアサウラ、カンプトサウルス、など

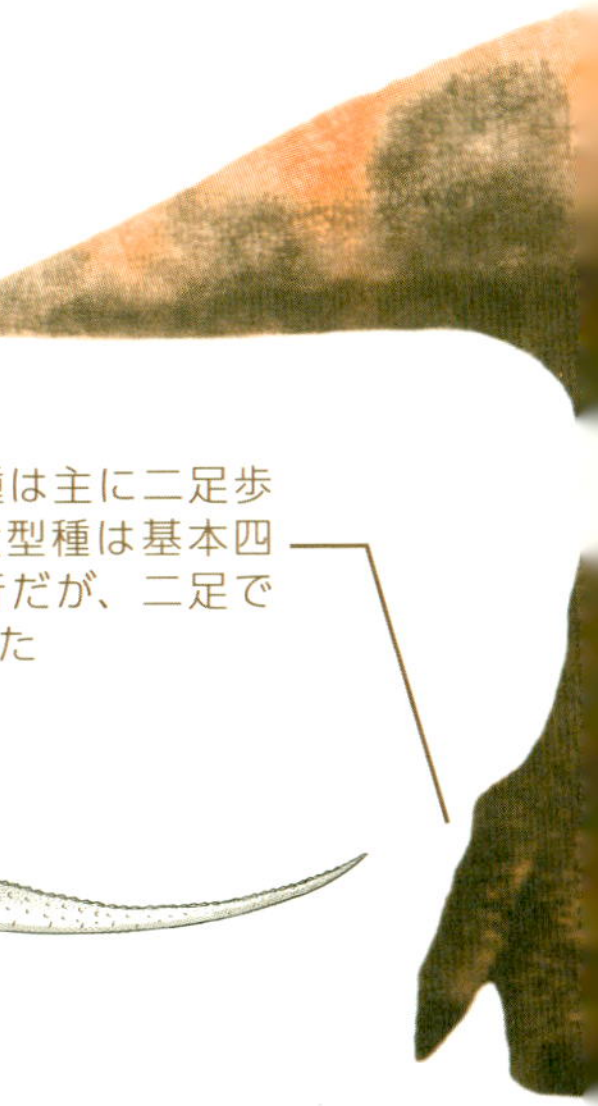

小型種は主に二足歩行。大型種は基本四足歩行だが、二足でも歩けた

同じく北米のカモノハシ竜ランベオサウルス。トサカの形状は雌雄や、成長段階によって異なり、幼体にはトサカはなかったようだ（P121 も参照）。

二足歩行の小型鳥脚類ヒプシロフォドン。原始的な特徴を残しつつも、非常に敏捷な動物であったと考えられる。

鳥脚類は、いわゆる「恐竜時代」を通じて世界中に広く分布したグループで、全体的に、**より効率よく植物を摂取できるように、アゴや歯が発達・特殊化する傾向**がありました。特に**カモノハシ竜**と呼ばれる進化した鳥脚類は、**爬虫類史上最も洗練された植物食動物**といってもよいでしょう。後述する角竜類と並び、極めて化石の産出量の多い恐竜であり、彼らがいかに繁栄していたかを物語っています。

全長1mにも満たない小型のものから10mを超える巨大なもの、二足から四足歩行まで様々なバリエーションがあり、グループ全体の特徴を一言にまとめるのは容易ではありません。

体型的には、長くも短くもない首や尾に、小さすぎず大きすぎない頭……というように際立った特徴は見られませんが、カモノハシ竜の中には、**頭部に発達したトサカ**を持つものが多数存在します。

恐竜くん一口メモ カモノハシ竜は、幼体〜成体の豊富な骨格から卵や巣、果ては皮膚や筋肉の痕跡まで残るミイラ化した標本まで、化石資料の充実度は恐竜の中でも断トツであり、理想的な研究対象といえる。

14

鳥盤類

分厚く頑丈な頭骨を持つ石頭恐竜

周飾頭類 I 厚頭竜類 Pachycephalosauria

パキケファロサウルス *Pachycephalosaurus*

周飾頭類は、その名の通り**後頭部の周囲に骨の突起や飾りが発達する**という特徴を持った、植物食恐竜のグループです。恐竜類の主要グループの中では最も登場が遅く、今のところ、化石の産出も北半球に限られ

厚頭竜類 Pachycephalosauria

時代：白亜紀前期～後期
（約1億3000万年前～6600万年前）
分布：北半球（主に北アメリカとアジア）
大きさ：全長 数十cm～7m
体重 数kg～数百kg
主な種類：パキケファロサウルス、ステゴケラス、プレノケファレ、ホマロケファレ、スティギモロク、ドラコレックス、など

恐竜くん一口メモ　このグループは「堅頭竜類《けんとうりゅうるい》」と表記されることが多いが、両生類に「堅頭類」が存在することもあり、本書では、訳語としても語源のPachycephalosauriaに忠実な「厚頭竜類」を採用した。

北米の厚頭竜類ステゴケラス。同グループとしては貴重な全身骨格が発見されている。

ています。

　周飾頭類の一グループである**厚頭竜類**は、**分厚くて頑丈な頭骨**を最大の特徴とする恐竜で、**前足は貧弱で小さく、完全な二足歩行**でした。目立つ頭骨とは対照的に、身体は全体的に華奢《きゃしゃ》で、一見、これといった特徴がないように見えます。実際には、真上から見ると**胴体と尾の付け根が異様に幅広く、逆に尾全体は極端に薄い**という、独特の体型をしていました。

　頭頂部が**「丸く盛り上がったタイプ」**と**「厚みはあるが平たいタイプ」**の2タイプがいますが、これが別々の種なのか、同種内の性別や成長段階による違いでしかないのか、まだ確実な答えは出せないようです（P120参照）。なお、いずれのタイプも、ふくらんだ頭頂部にはぎっしり骨が詰まっており、特に脳が発達しているわけではありません。

恐竜くん一口メモ 厚頭竜類の化石は希少であり、恐竜の中でもあまり解明の進んでいないグループといえる。厚頭竜類を代表するパキケファロサウルスでさえ、全身像が判明したのは1990年代のことである。

15

鳥盤類

周飾頭類 II 角竜類 Ceratopsia

鋭いクチバシと襟飾りが特徴のビッグフェイス

角竜類 Ceratopsia

時代：ジュラ紀後期〜白亜紀後期
（約1億6100万年前〜6600万年前）
分布：北半球（主に北アメリカとアジア）
大きさ：全長 数十cm〜10m、体重 数kg〜10t程度
主な種類：トリケラトプス、プロトケラトプス、プシッタコサウルス、スティラコサウルス、カスモサウルス、ペンタケラトプス、など

角竜類は**周飾頭類**の中の一大グループで、恐竜類としては新参ながら、化石の産出量は膨大であり、個体数もバリエーションも豊富でした。同じく産出量の多い鳥脚類のカモノハシ竜と同様、歯やアゴの特殊化が進んでおり、完成された植物食動物と

モンゴルから大量の化石が産出されるプロトケラトプス。アジアの角竜類は基本的に角が発達していない。

恐竜くん一口メモ　角竜類の角は、長さや形、本数などが種によって（成長段階によっても）大きく異なることから、武器としての実用性だけでなく、視覚的・装飾的な意味合いが強かったものと考えられる。

アジアの原始的な角竜類プシッタコサウルス。角も襟飾りもないが、オウム状のクチバシと尖った頬骨に注目。

派手な襟飾りを持つスティラコサウルス。北米の大型種には、襟飾りと角が発達したものが多い。

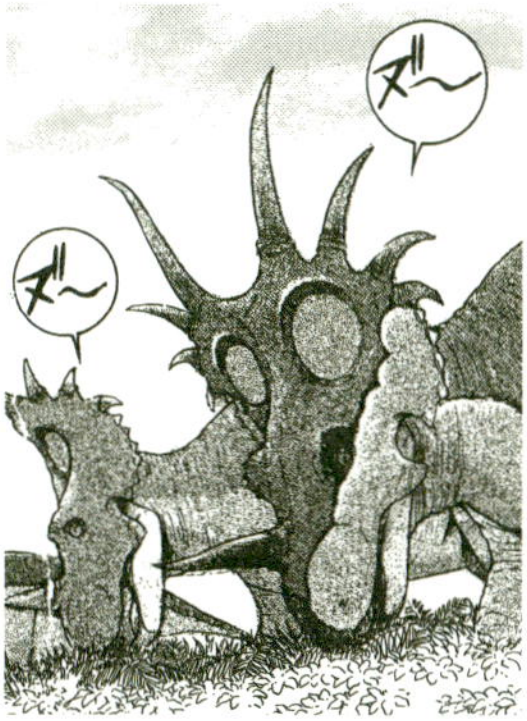

トリケラトプス *Triceratops*

恐竜にしては短い尾
前足は４～５本指。地面につけるのは主に第１～３指のみ

して大繁栄しました。

最大の特徴は**オウムによく似た鋭くて頑丈なクチバシ**で、すべての角竜類に例外なく共通の特徴です。また、**後頭部にある襟飾《えりかざ》りと大きく張り出した頬骨**も目立つ特徴で、こちらは一部の原始的なものを除く大半の角竜類に見られます。一方、グループ名の由来ともなっている「角」は、目を引く特徴ではあるものの、実際には**角を持っていない角竜類**も多いため、注意が必要です。

原始的なものをはじめとする**小型種は二足歩行（または二足・四足両用）**で、より進化した**中～大型種は完全な四足歩行**でした。特に大型種において**極端に頭部が大きくなる**傾向が強く、頭骨だけで長さ3mを超える場合もありました。**胴体部分は短くて丸々としており**、恐竜としては異例なほど**尾が短い**ことも相まって、「3頭身」体型のものも珍しくありません。

恐竜くん一口メモ 角竜類は北米やアジアから近年も続々と新種が報告されており、化石の産出量が多いことから成長の研究なども進んでいる（P120）。反面、同種間の個体差が大きいため、種の同定が難しい場合もある。

もっと恐竜を理解するために ①

そもそも「進化」ってどういうこと？

「進化」とは、**生物が様々に変異しながら多様化していくメカニズム**のことです。進化は生物学の根幹を成す理論で、科学全般において最も重要な概念のひとつです。より深く、より正しく恐竜を理解するためにも、進化の基本を押さえておきましょう。

生物の様々な性質や特徴**（形質）**は世代を越えて受け継がれますが、必ず個体ごとの違い**（変異）**が表れます。変異した形質は、個体にとって**有利に働くこともあれば、逆に不利になることもあります**。何世代も受け継がれていく中で**消えてしまう変異**もあれば、そのまま**定着して広まる変異**もあります。その膨大な連鎖が進化です。

ひとつひとつの変異が有利となるか、不利となるか。そして、様々な変異を受け継ぐ中で、どの個体が生き延びて子孫を残せるのか。それを決めるのは、周囲の**環境**です。環境に適応できないものは生存率が下がり、逆に、上手く環境に適応したものは生存して繁殖し、子孫を残します。消えるものと残るもの、すべては環境次第。この進化の大原則ともいうべき基本原理を**「自然選択」（自然淘汰）**と呼びます。

人は多様な恐竜の姿形について考える時、「この角は何のために発達したのか？」「この小さい手は何に使ったのか？」という風に、つい**人間目線で合理的な「機能」や「解釈」を求めがち**です。しかし、生物は**必要に駆られて意図的に何かを発達させるわけではなく**、まして、自らの**進化の方向を都合よく選べるわけでもありません**。どんなに複雑で多様な形態も、あくまで**自然選択の結果**だという原則を忘れてはいけません。例えば進化には**「性選択」**という理論があります。本来、**色や飾りが派手で目立つ生きもの**は外敵からも獲物からも見つかりやすく、自然選択の原理でいえば**不利な存在**です。しかし、「生存に不利な形質を持ちながら生き延びている」という事実は、その個体の強さの表れともいえます。実際、自然界では派手なオスの方がメスに好まれ、子孫を残しやすくなります。結果、一見不利に見える装飾的な形質が、進化とともにより過剰になっていく傾向があるのです。性選択は、**安易に人間の主観で進化を断じてはいけない**ということを示すひとつの例といえます。

奇抜な飾りや角、羽毛の発達など、恐竜の変化に富んだ形態について考える際は、ぜひ自然選択や性選択の理論を思い出してみてください。

第2章

恐竜の世界

～恐竜の繁栄と絶滅～

今も恐竜が鳥として生き続けている以上、厳密には恐竜は絶滅していませんし、ある意味では、「恐竜時代」は現在も続行中といえるかもしれません。しかしここでは、「最初の恐竜の誕生」から「鳥以外の恐竜の絶滅」までを「恐竜時代」として区切り、彼らの生きていた世界を見ていくことにしましょう。

1

地球年表

恐竜の繁栄はつい最近の出来事!?

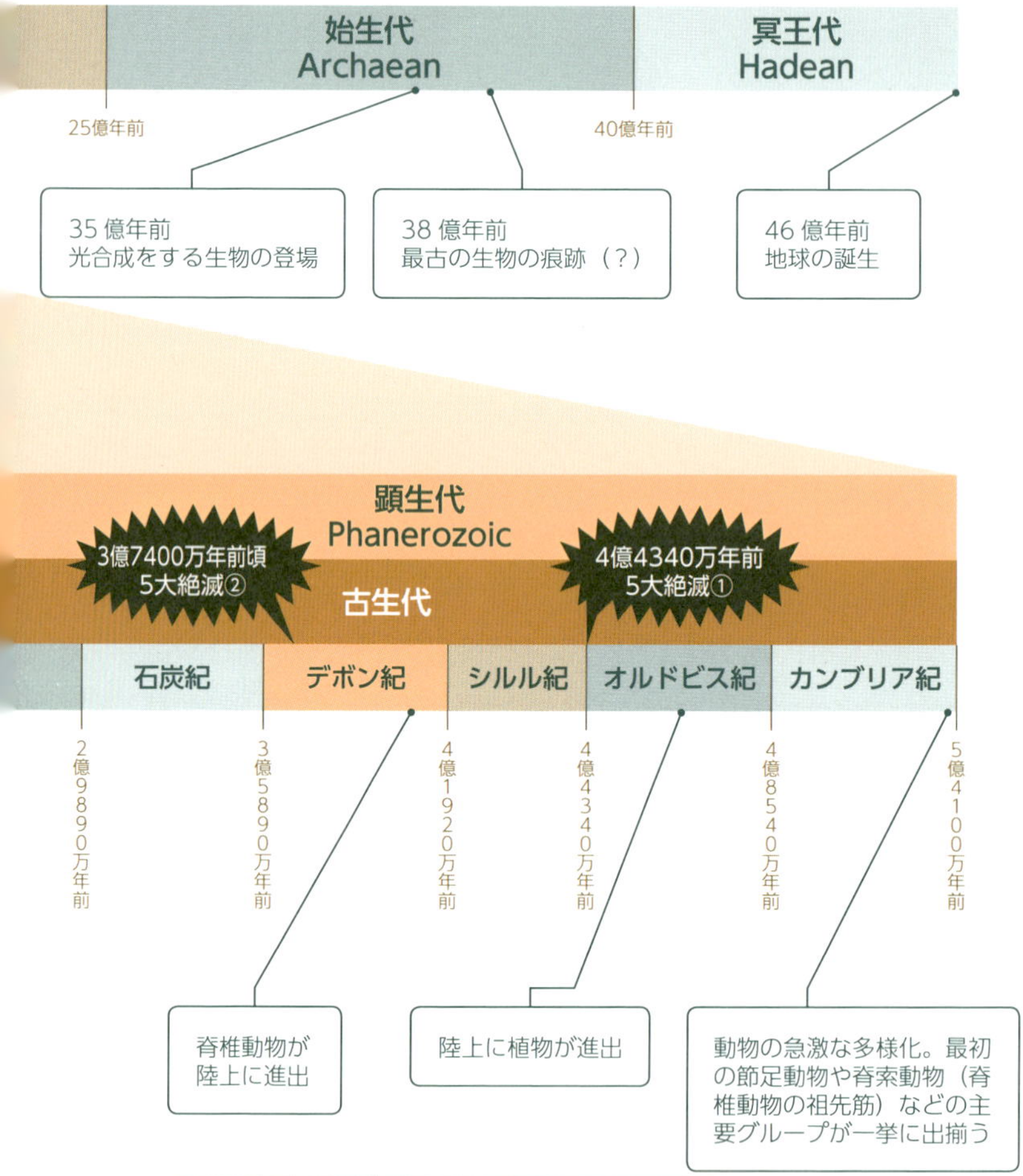

仮に地球の歴史を**1年間**に換算して、46億年前の**地球誕生を1月1日**、そして今現在を**12月31日24：00**と考えてみましょう。すると、**恐竜の誕生は12月13日の夕方**、（鳥以外の）**恐竜の絶滅が12月26日の夕方**、そして**ヒトの誕生は12月31日の23：37頃**……となります。地球全体の歴史から見れば、ヒトの歴史はいうまでもなく、恐竜の誕生でさえ、実はかなり最近の出来事といえるのです。

恐竜くん一口メモ 顕生代の語源であるPhanerozoicには「目に見える生き物（の時代）」という意味がある。実際、生物の顕著な多様化や大型化が始まったのは顕生代に入ってからと考えられている。

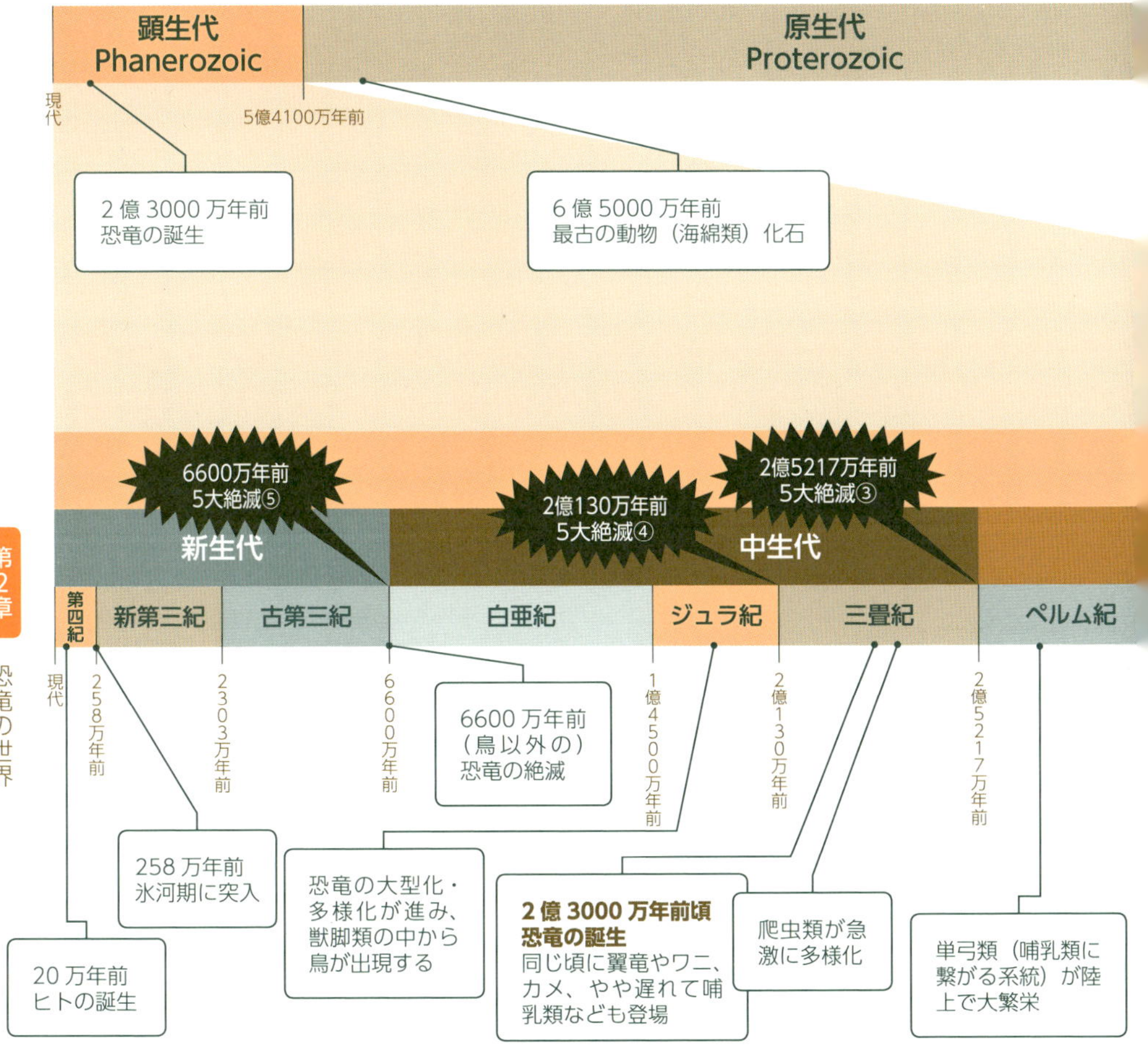

Close up

年表に関して

この年表は、あくまで執筆時点の最新研究に基づくものであり、研究の進展とともに絶えず修正され続けるものです。また、年代決定には数十万年から最大で数百万年の「誤差」が生じるため、あくまで中間値を取っていると考えてください。

例えば、古生代シルル紀とデボン紀の境界などは特に誤差が大きく、厳密には4億1920万年前±320万年（つまり4億1600万～4億2240万年前の前後640万年間のどこか）とするのが、最も正確な表記といえます。

恐竜くん一口メモ　一般に爬虫類より哺乳類の方が新しい動物というイメージがあるかもしれないが、実は中生代より前の古生代ペルム紀に、爬虫類より先に哺乳類の系統（単弓類）が繁栄していた。

2 時代は何を基準に分けている？

カギとなるのは生物の「絶滅」

時代ごとの境界は化石の種類で決まる

地球が誕生してから現在までの約46億年間は、大小様々な**地質時代**に細かく分けられています。各時代の境界は、キリのよい数字で区切っているわけではないので、長く続く時代もあれば、意外と短い時代もあります。時代を区分する際に基準となるのは**地層の変化**。より具体的には**地層から見つかる化石の種類**です。

言い換えれば、「その当時どんな生物が存在していたか」そして「どのタイミングでどう生物相が変化しているか」に基づいて、各時代の境界が決定されます。そのため、生物相が極端に入れ替わるような大きな出来事、すなわち、後述する**大量絶滅**などは、最も典型的な時代区分の基準といえるでしょう。

生命史上の壊滅的大事件 ビッグ・ファイブ

絶滅とは、特定の生物種の個体がすべて死に絶え、この地球上から完全に姿を消すことを指し、それ自体は、生命が存在する限り、必ず起こり続ける**自然現象**です。それに対し、あまりに広範囲かつ多種多様な生物が同時に絶滅する事態を**大量絶滅**と呼びます。

地球に生命が誕生して以来、大量絶滅は過去に何度も繰り返されており、一説によれば、その数なんと15

5大絶滅（ビッグ・ファイブ）

1 オルドビス紀末の大量絶滅
約4億4340万年前

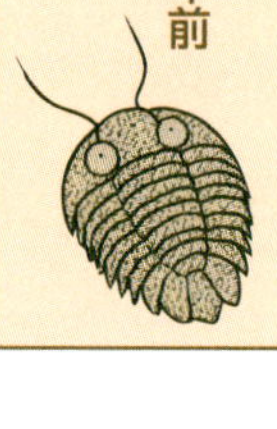

2 デボン紀後期の大量絶滅
約3億7400万年前～

この絶滅は長期間かけてじわじわ進行

恐竜くん一口メモ 地質時代は「累代・代・紀・世・期」に区分される。例えばティラノサウルスの生息時代は厳密には「顕生代（累代）中生代（代）白亜紀（紀）後期（世）マーストリヒト期（期）」となる。

回以上ともいわれています。

中でも、特に甚大な被害をもたらしたとされる上位5つの大量絶滅を指して**5大絶滅**または**ビッグ・ファイブ（Big Five）**と称します。

俺《おれ》の森《もり》の住人《じゅうにん》どもがみんな
ここじゃ死《し》に絶《た》えてるってのか!?

各大量絶滅の原因については、いずれも研究中ではありますが、例えば巨大隕石《いんせき》の衝突や猛烈な火山活動によって引き起こされる地球規模の壊滅的な環境変動が原因と考えられています。6600万年前に起こった、いわゆる「恐竜の絶滅」も5大絶滅のひとつです。
なお、私たち人類の手による環境破壊を主因とする大量絶滅が今まさに進行中であり、これを加えて**6大絶滅**とする場合もあります。

3
ペルム紀末の大量絶滅
約2億5217万年前
地球史上最大の大量絶滅。最大見積で96%の生物が死滅
古生代と中生代の境界
4
三畳紀末の大量絶滅
約2億130万年前
5
白亜紀末の大量絶滅
約6600万年前
鳥以外の恐竜や翼竜、アンモナイトなどが絶滅
中生代と新生代の境界

恐竜くん一口メモ　地球史上最大規模とされる古生代ペルム紀末の大量絶滅は大規模な火山活動が原因と考えられている。現在のシベリアに位置する広大な洪水玄武岩地帯は、その時に形成されたものである。

3

恐竜が栄えた中生代

いわゆる「恐竜時代」はいつのこと？

恐竜時代の幕開け 爬虫類が繁栄した中生代

最初の恐竜が誕生したのは、今から**約2億3000万年前**。そして、鳥以外の恐竜が絶滅してしまったのが**約6600万年前**。一般に、この間の**約1億6000万年間**を指して**「恐竜時代」**と呼びます。

P54の地球年表にもあるように、恐竜時代はおおむね「中生代」と呼ばれる時代と重なります。中生代は、今から約2億5217万年前、ペルム紀末に起こった**地球史上最大の大量絶滅**（P57）をもって幕を開けた、いわば**最悪の状況からスタートした時代**です。一説によれば、この大絶滅による壊滅的なダメージから地球の生態系が回復するまでに、実に**1000万年近くを要した**といわれています。

そんな中、大きく躍進したのは爬虫類の仲間です。中生代は、多様化した爬虫類が、陸・海・空のあらゆる環境に進出して爆発的に繁栄した**「爬虫類の時代」**でした。その中の一グループとして登場し、陸の支配者として君臨したのが恐竜です。

中生代のもうひとつの象徴 アンモナイト

爬虫類と並び、中生代を代表する生きものが**アンモナイト**です。アンモナイトはタコやイカの仲間で、主に浅い海に生息していました。今から約4億年前の古生代デボン紀にはすでに登場していたものの、真の最盛期は中生代です。

5大絶滅の内の3回（デボン紀、ペルム紀、三畳紀）を生き延び、その度に多大な被害を受けながらも、それを上回る勢いで復活。約3億年以上にわたり全世界で繁栄し続けた、**地球生命史上まれに見る驚異的な生命力を持ったグループ**でした。必然的に化石の産出量も膨大であり、正式に古生代・中生代の各時代を判別する際の基準となる**「示準化石」**に認定されているほどです。

そんなアンモナイトも、白亜紀末の大量絶滅（P57）は乗り越えられず、同時期に絶滅したほかの多くの生きものたちと、運命をともにしました。

恐竜くん一口メモ　最初に中生代を「爬虫類の時代」と表現したのは、世界で初めて恐竜を発見した人物として知られるイギリスのギデオン・マンテル（P74）だといわれている。

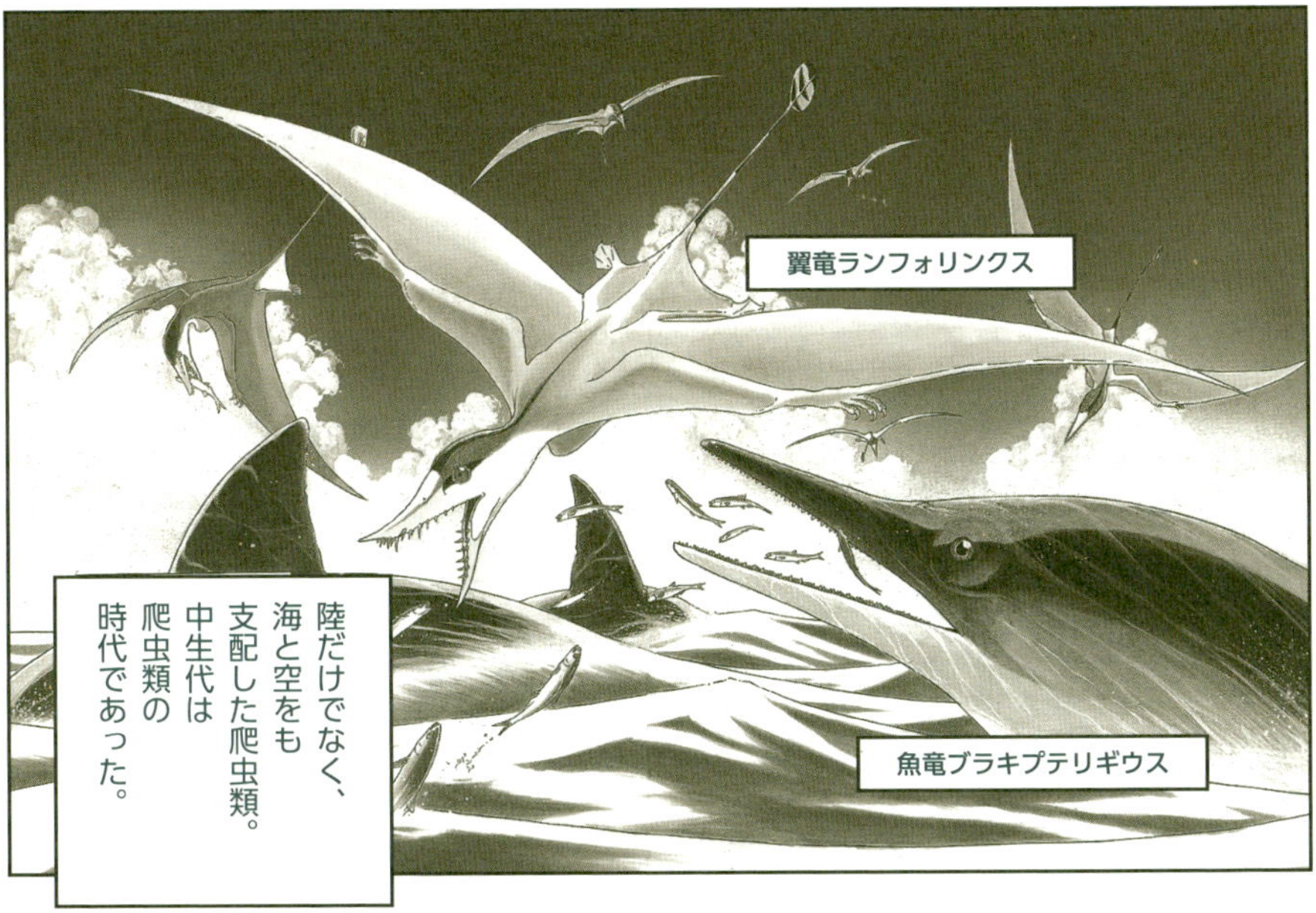
翼竜ランフォリンクス
陸だけでなく、海と空をも支配した爬虫類。中生代は爬虫類の時代であった。
魚竜ブラキプテリギウス

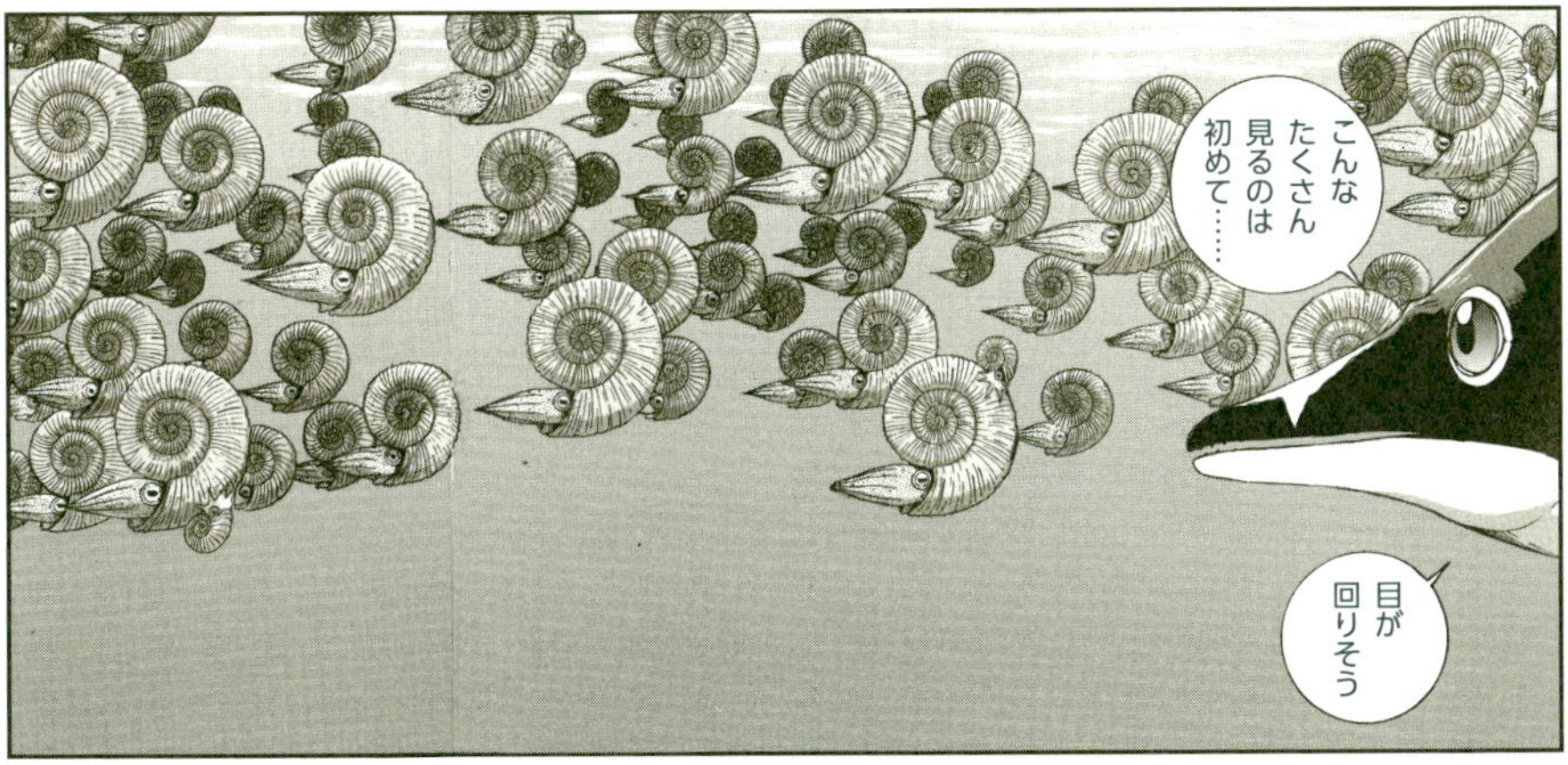
こんなたくさん見るのは初めて……
目が回りそう

中生代の海を埋め尽くすアンモナイトの群れ。「化石」の代名詞といえる存在。

次のページからは、一体恐竜たちがどんな世界で生きていたのか、中生代の３つの時代「三畳紀・ジュラ紀・白亜紀」を順に見ていきましょう。

恐竜くん一口メモ 示準化石には広範囲から大量に産出する化石が用いられる。典型例としてアンモナイトのほかに三葉虫や二枚貝など、個体数が多く化石に残りやすい硬い殻を持った生き物が挙げられる。

4

恐竜時代①

三畳紀

【約2億5217万年前～2億1300万年前】

沿岸部や
一部の
オアシスを除き
陸地の大部分は
砂漠化していた

三畳紀に繁栄した大型の単弓類（中央右）、両生類（中央左）、様々な爬虫類（下）。しかし彼らの多くは三畳紀末までに衰退し、新たに生まれた動物たちに地球を明け渡すことになる。

多様な爬虫類の進化と哺乳類の誕生

三畳紀の地球は、**非常に乾燥して寒暖の差の激しい、厳しい気候**でした。当時は世界中の陸地がひとつに繋がって**超大陸パンゲア**を形成していました。パンゲア大陸はあまりにも広大であったため、わずかに残されたオアシスや海に近い沿岸部を除き、陸地の大部分が極端な内陸性気候により砂漠化していたのです。

それゆえ三畳紀は、ほかの動物よりも乾燥した気候に強い**爬虫類**が優位に立ち、結果、急速に進化・多様化した時代でした。後に陸の支配者となる**恐竜**はもちろん、脊椎動物として初めて本格的に空へ進出した**翼**

恐竜くん一口メモ 三畳紀は全地球的な砂漠化に伴う植物の減少も影響し、酸素濃度が著しく低下したとされる。効率の良い呼吸を得た恐竜（P108）が他の爬虫類より有利となった一因かもしれない。

新しい時代の到来を象徴する新世代の動物たち。多くの生物を滅ぼした三畳紀末の大量絶滅が、結果的に彼らにチャンスをもたらすこととなる。

カメが
登場したのも
この時代

史上初の
空を飛ぶ
脊椎動物
翼竜の誕生

初期の
植物食恐竜たち。
彼らの本格的な
繁栄と大型化は
次のジュラ紀に
入ってから

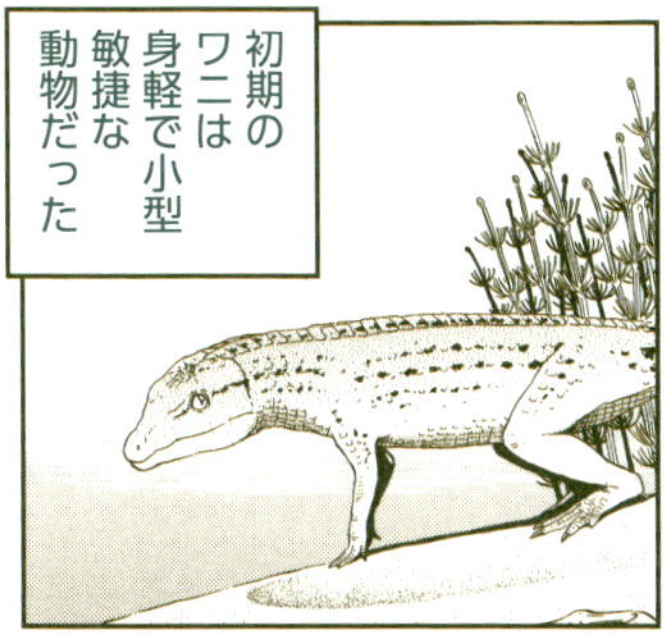
初期の
ワニは
身軽で小型
敏捷な
動物だった

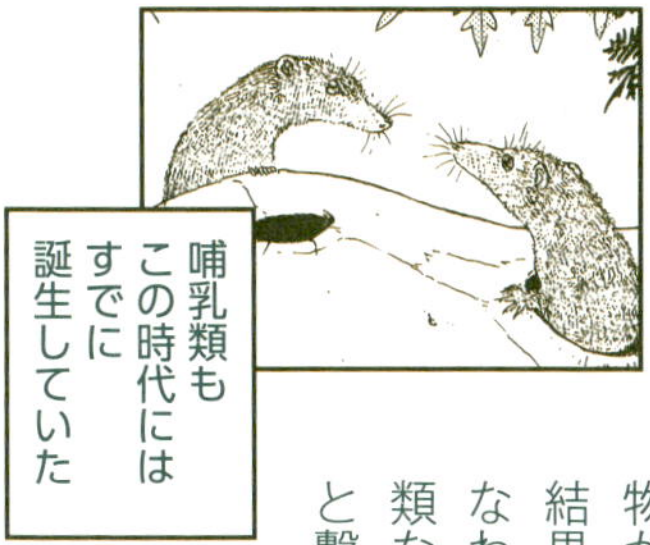
哺乳類も
この時代には
すでに
誕生していた

竜、イルカのような姿をした**魚竜**をはじめとする**海生爬虫類**、そしておなじみの**ワニ**や**カメ**も、この時代にすでに登場していました。

一方、繁栄する爬虫類とは裏腹に、単弓類は次第に衰退していきます。しかし、そんな単弓類の中から、私たちの祖先である**最初の哺乳類**も、この時代に誕生していました。

こうして、厳しい環境下でも豊かな生態系を取り戻しつつあるかに見えた地球でしたが、**三畳紀末に再び大量絶滅**が起こり、ほとんどの単弓類や多数の爬虫類を含む、多くの生物が絶滅しました。しかし、これが結果的に**生き残ったものたち**——すなわち恐竜や翼竜、多くの海生爬虫類など——の**次の時代での大繁栄**へと繋がっていったのです。

恐竜くん一口メモ　ペルム紀末と白亜紀末の大絶滅に比べて注目されにくいが、三畳紀末の大絶滅も被害は甚大であった。原因として大西洋の火山活動と隕石衝突などの可能性が模索されている。

5

恐竜時代② ジュラ紀【約2億1300万年前〜1億4500万年前】

巨大化する恐竜たちと爬虫類の天下

ジュラ紀には超大陸パンゲアの本格的な分裂が始まり、最終的に、**北のローラシア大陸**と**南のゴンドワナ大陸**に大きく二分されます。大陸の分断に伴い、海に接する土地が増え、大陸内部にも浅い海が入り込むことで、三畳紀と比べてはるかに湿潤《しつじゅん》な気候に変わっていきました。多少の乾季・雨季は存在したものの、全世界的に季節性は薄れ、**非常に温暖かつ安定した気候**になりました。

主に**シダ類**やソテツやイチョウ、針葉樹等の**裸子植物**を中心に植生も豊かになり、砂漠も減少していきます。これらの変化を受けて、恐竜の急激な大型化が進みました。天を衝くような巨木と、今や地球史上最大の陸上動物となった**竜脚形類**の組み合わせは、まさにジュラ紀を象徴する存在だといえるでしょう。三畳紀にはまだ目立たなかった**鳥盤類**の本格的な多様化も、ジュラ紀に入ってから始まりました。獣脚類の中から**最初の鳥**が誕生したのも、この時代だと考えられています。

三畳紀よりも大幅に多様化した**翼竜**が空を支配し、海には**魚竜**や**首長竜**が繁栄していました。同時に**ワニは水辺の王者として君臨**し、**最初のトカゲ**も誕生しました。**哺乳類**も着実な進化を続けてはいたものの、ジュラ紀はまさに**爬虫類の天下**と呼ぶべき時代だったのです。

温暖で安定した気候により育まれた巨大な樹木と竜脚形類

恐竜くん一口メモ ジュラ紀(Jurassic)の名称は、スイス・フランスにまたがるジュラ山脈に由来する。三畳紀(Triassic)は、最初に発見された地層において3色の異なる層が折り重なっていたことから命名された。

広大な干潟の上空を
多様化した翼竜が
飛び交う
大陸の分裂と
浅い海の拡大により
世界は大きく変貌した
爬虫類として
最も高度に
水生適応したと
いわれる魚竜類
木々の間を飛び回る
鳥類の出現

恐竜くん一口メモ　『ジュラシック・パーク』の影響でジュラ紀の名称は広く浸透しているが、既知の恐竜の7割近くは白亜紀の恐竜である。同映画に登場する恐竜(全7種)も、ジュラ紀の恐竜は2種だけだった。

6 恐竜時代③ 白亜紀

【約1億4500万年前～6600万年前】

生物の多様化と恐竜の絶頂期

白亜紀は中生代の中で最も長い時代で、約8000万年にも及びます。この時代、**活発な火山活動に伴う全地球的な温暖化**により、極地の氷はほとんど消滅し、海水面が大幅に上昇。**ジュラ紀以上に温暖湿潤で、安定した気候**が続きました。大陸の移動と分裂もさらに進み、大陸の配置は**現在の地球とかなり近い状態**になりました。

様々な地域に分断されたことで、生きものたちは地域ごとに異なる進化・適応を見せ始め、あらゆる生物の多様性が大幅に増加します。特筆すべきは、なんといっても**花を咲か**

大陸の配置や地形・植生など現在の地球にだいぶ近づいた白亜紀の世界
様々な羽毛恐竜と今や完全な飛行生物となった鳥類が共存していた
バサバサ
キキィイッ
カッ
バサッ
カッ
鳥類コンフキウソルニス
羽毛恐竜ミクロラプトル

恐竜くん一口メモ　角竜類や曲竜類、ティラノサウルス類など、白亜紀に入ってから急激に台頭した恐竜も、それ以前は目立っていなかっただけで、多くはジュラ紀にはすでに登場していたようだ。

せる被子植物の台頭と、それに連動した**昆虫類**の躍進です。その結果、昆虫や植物を主食とする**哺乳類**や**鳥類**、**鳥盤類**の急速な進化が促され、とりわけ、北半球における**角竜類**と**鳥脚類のカモノハシ竜**の繁栄は目覚ましいものがありました。白亜紀は、**恐竜が真の最盛期を迎えた時代**といってもよいでしょう。

海では**首長竜**や**アンモナイト**、**二枚貝**が栄えていましたが、魚竜は白亜紀末を待たずに絶滅。一方で、大型化した海生のトカゲである**モササウルス類**が登場し、短期間で爆発的な広がりを見せます。また、翼竜は徐々に数を減らし、白亜紀後期には大型種のみを残して、小型種はほとんど姿を消してしまいました。

このように、白亜紀後半には変化する環境の中、衰退するものと繁栄するものとで、ゆっくりと明暗が分かれ始めます。そして白亜紀の終わり、大きな異変が起こります。

白亜紀に入り真の絶頂を迎えた鳥盤類の多様な植物食恐竜たち
昆虫をエサに哺乳類も着実に進化

温暖湿潤な気候のもと大きく躍進した「花」

恐竜くん一口メモ 白亜紀後期に小型翼竜が衰退した要因のひとつには、急激に多様化する鳥類との競合があったと考えられる。大型翼竜は、生態的に鳥類とかけ離れていたために共存できたのかもしれない。

7 恐竜時代④ 白亜紀の終焉と新生代の始まり【約6600万年前~】

恐竜時代を終わらせた5大絶滅・最後のひとつ

今から**約6600万年前**、中生代白亜紀の終わりに再び**壮絶な規模の大量絶滅**が起こり、1億6000万年以上続いた恐竜時代は終わりを告げます。いわゆる**恐竜の絶滅**です。

しかし、絶滅したのは（鳥以外の）恐竜だけではありません。長年繁栄してきた**アンモナイト類**を筆頭に、**翼竜**や大型の**海生爬虫類**、その他様々な**脊椎・無脊椎動物**から**植物**や**微生物**に至るまで、数多くの生物が恐竜とともに姿を消しました。諸説ありますが、この時にすべての動植物のうち、実に**75%以上が絶滅**したとさえいわれています。

あまりにも広い範囲に絶大な影響を及ぼしたことから、この白亜紀末の大量絶滅は、**5大絶滅の最後のひとつ**に数えられており、**中生代と新生代を区切る基準**ともなっています。

次なる「新生代」は哺乳類と鳥類の時代に

こうして、続く**新生代**では、大量絶滅を生き延びた**哺乳類と鳥類が大きな繁栄を迎えます**。白亜紀末の大量絶滅が起こらず、爬虫類の天下がさらに数千万年続いていたら哺乳類の台頭は大幅に遅れ、ヒトの誕生も危うくなっていたでしょう。恐竜の絶滅は私たちにとっても、極めて重要なターニングポイントといえます。

Close up

新生代は、中生代と比べて全体的に寒冷で、緯度や季節による気温差も大きくなりました。爬虫類には厳しく、哺乳類や鳥類に有利な気候といえます。新生代初めの古第三紀には、哺乳類の多様化と大型化が一気に進み、地上性の大型鳥類も登場しました。

コリフォドン
大量絶滅から約1000万年後に登場した当時最大級の哺乳類。体長2m以上

ガストルニス
同じ頃に生息した背の高さ2mほどの地上性大型鳥類

恐竜くん一口メモ 白亜紀（ドイツ語でKreide）と新生代冒頭の古第三紀（Paleogene）の頭文字をとって、中生代と新生代の境をK/Pg境界、大量絶滅をK/Pg絶滅と呼ぶ。

最後の恐竜

白亜紀最末期、北米西部に生息していたティラノサウルスとトリケラトプス。生き延びた鳥類を別とすれば、彼らはまさに「最後の恐竜」といえる。

ムリをしてでも最期《さいご》に花《はな》を咲《さ》かせねばならん

白亜紀後期に登場し海洋生態系の頂点に君臨したモササウルス類

恐竜とともに絶滅した生き物

白亜紀末の代表的な生きものたち。いずれも、大量絶滅を乗り越えることはできなかった。

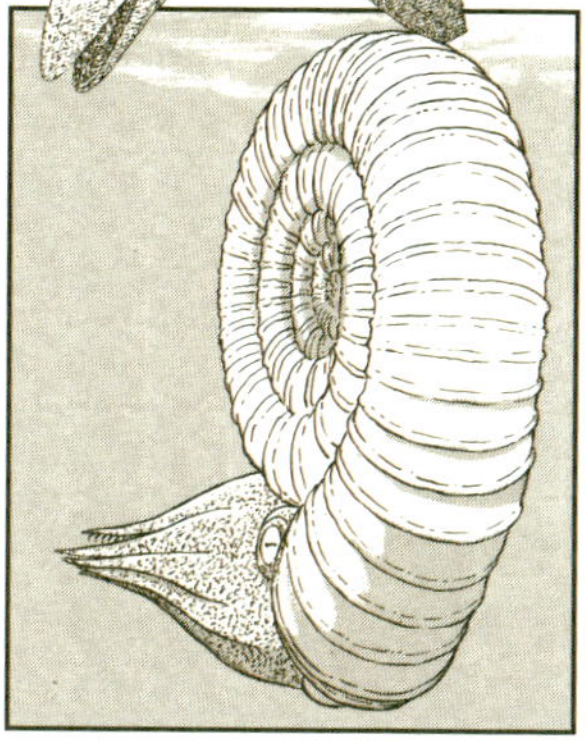

度重なる大量絶滅に耐えて3億年以上も存続したアンモナイト類

白亜紀末まで生き延びた数少ない大型翼竜アズダルコ類

中生代を通じて繁栄した首長竜類

恐竜くん一口メモ 仮に白亜紀末の絶滅がなかった場合も、徐々に寒冷化は進み、やがて来る氷河期までには確実に爬虫類は衰退したと考えられる。

8

恐竜の絶滅①

絶滅の原因は一体何か？

火山？ 隕石？ 絶滅仮説は2択

絶滅の原因に関して、これまで数多くの仮説が提唱されてきました。しかし、大半は証拠らしい証拠もない「思い付き」レベルのものばかり。一見もっともらしく聞こえる仮説も、絶滅の本質を全く理解していないものや、論理が根本的に破綻しているものがほとんどでした。結局のところ、**科学的に議論・検証が可能な仮説**は次の2つに絞られます。

ひとつ目は、白亜紀の終盤に全地球的に激化した**火山活動**による環境変化で、地球の生態系は**長期間かけて徐々に衰退した**という**「火山説」**。

2つ目は、白亜紀末に宇宙から飛来した**小惑星の衝突**による急激な環境悪化で、多数の生物が**短期間で突発的に絶滅した**という**「隕石説」**。

1980年に隕石説が提唱されて以来、2つの説をめぐり、長年激しい議論が繰り広げられてきました。当初から、物証においては隕石説がやや有利だったものの、当時は**絶滅は段階的かつ長期的に進行した**という見解が有力であり、その点では火山説に分がありました。

しかし、その後の目覚ましい研究の進展と新たな物証の発見、そして様々な角度からの度重なる再検証を経て、現在では、白亜紀の大量絶滅は**小惑星の衝突を主因とする、突発的かつ短期的な現象だった**という結論で、ほぼ決着しつつあります。

Close up

ダメな絶滅説の典型例

右のような説は、絶滅や進化の本質が全く理解できていないパターンです。いずれも、「そもそも物証がない」「恐竜以外の生物（アンモナイト等）の絶滅が全く考慮されていない」といった致命的な問題を抱えています。

その1
哺乳類に敗北した

哺乳類との生存競争に敗れて恐竜が絶滅した、という説。

その2
花が原因で絶滅

裸子植物に依存していた植物食恐竜が、被子植物の台頭とともに衰退した、という説。

恐竜くん一口メモ 規模でいえば古生代ペルム紀末の絶滅には及ばないが、白亜紀末の絶滅は最も広く知られ、最も盛んに研究・議論されてきた大量絶滅といえる。

隕石説の主な根拠・物証

現在、最も有力とされる隕石説。その主な根拠は次のようなものです。

1. 世界中(100ヵ所以上)の白亜紀～新生代の境界の地層にて、宇宙由来と考えられる金属元素**イリジウムが異常な濃度で密集している。**
2. メキシコで**直径180kmの超巨大クレーター**が発見され、**絶滅のタイミングと一致**している。
3. クレーター内部や周辺から、**小惑星衝突以外では説明できない特殊な物質**が数多く発見されている。
4. 衝突地点の周辺地域で**大地震や大津波などの災害の痕跡**が確認されている。
5. 大量絶滅が、**突発的・短期的な現象**であったことが判明している。
6. **衝突地点に近い地域ほど被害が大きく、遠ざかるほど影響が小さくなる。**
7. 絶滅した生物／生き延びた生物の**違いや傾向(P71)が説明可能である。**

以前は隕石説に対して次のような反論がありましたが、いずれもすでに再反証されており、現時点で隕石説に対する決定的な反論はありません。

- イリジウムは地球内部にも存在するため、隕石でなく火山の噴火でも説明できる
- 小惑星の衝突は、大量絶滅より数十万年も前の出来事で、絶滅とは無関係である
- 絶滅は段階的・長期的に起こったもので、突発的な現象ではない

白亜紀末に火山活動が激化していたことは事実であり、その影響を受けた生物も少なからず存在したと考えられる。しかし、小惑星の衝突さえなければ、大量絶滅を引き起こすまでには至らなかったかもしれない。

恐竜くん一口メモ 大量絶滅における短期・長期はあくまで地質学的な意味なので、短期といっても数万～数十万年、長期は数百万～数千万年に及ぶことがある。

9

恐竜の絶滅②

絶滅のシナリオ ―その時何が起こったか―

小惑星の規模と衝突直後の大災害

衝突により実際に何が起こったのか。これまでの研究成果を踏まえた絶滅のシナリオを見てみましょう。

今から**約6600万年前、6月初旬**のある日。現在のメキシコ湾に、**直径10～15㎞の小惑星**が衝突。猛烈な**衝撃波**とそれに続く**巨大地震**と**巨大津波**によって、周辺地域は瞬時に壊滅したことでしょう。

衝突地点からは高熱の火柱が噴き上げ、激しく熱せられた蒸気が広い範囲を襲い、**大規模な森林火災**を引き起こします。さらに、衝突時に宇宙空間までまき散らされた破片や岩石が、大量の灼熱の塊となって、地球上のいたるところに降り注ぎます。衝突の方角が**北北西**に向かっていたため、主に北半球――とりわけ**北米西部周辺の被害は甚大**でした。

白亜紀の生態系を襲った全地球規模の環境変動

地球の生態系にとって本当に深刻な問題となったのは、その後に続く環境変動でした。

衝突時に大気中に放出された膨大な量のチリやススが地球全体を覆い、**太陽光を数ヵ月～数年間にわたり遮断**。光合成を必須とする**植物や植物プランクトンは全滅**します。生態系を根底から支える植物が消えれば、**大型動物には致命的**です。

太陽光の遮断は**急激かつ全地球的な寒冷化**を招き、**陸上生物**にさらなる追い打ちをかけました。一方で**地中や淡水、海洋では、寒冷化の影響は比較的軽かった**と考えられます。

隕石や衝突地点の地質に含まれていた有毒物質による**海洋汚染**が起こり、深海はともかく、**海洋表層や浅い海には深刻な影響**を及ぼします。**大気汚染**も同様で、衝突地点から出た大量の硫黄により硫酸の**酸性雨**が発生。これも、**陸上や海洋表層、浅い海の生物を苦しめた**でしょう。

寒冷化の後には、一転して**極端な温暖化**が想定されます。数万年から最長で数十万年にもわたって**地球環境の激変**が続き、その間に、多くの生物が姿を消していきました。

恐竜くん一口メモ 植物や昆虫は、種子や卵／蛹《さなぎ》といった形で、ある程度の環境変動に耐えられる。そのため、実際に大きな影響を受けていたとしても、化石記録上の絶滅率は低くなり、一見何もなかったかのように誤認する恐れがある。

小惑星の規模と衝突地点

生き残ったものたち

白亜紀の大量絶滅を乗り越えた生物も数多く存在します。絶滅したものと生き延びたもの、彼らの命運を分けたものは一体何だったのでしょうか。それを正確に理解することこそが、大量絶滅の真相を解明するための重要なカギになります。

●恐竜の中でも鳥類だけは生き延び、恐竜に近いワニも生存している
●アンモナイトが絶滅したのに、近縁のイカやオウムガイは生き延びている
●肉食の海生爬虫類が全滅した一方で、生態の近いサメは生き残っている

……など、ここに挙げたのはごく一部に過ぎませんが、それでも、この大量絶滅が極めて複雑に入り組んだ難題であることがわかります。隕石説は、こういった各生物の絶滅傾向を最も矛盾なく説明できるとされていますが、すべての謎が解明されたわけではありません。まだまだ収集すべきデータや検証すべき問題は数多く残されているのです。

恐竜くん一口メモ　生き残った中にも、絶滅寸前まで追い込まれた生物は多数存在する。例えば鳥類は75%、浅海性のサンゴは98%、石灰質プランクトンは93%が絶滅したとされ、決して「無傷」で生き延びたわけではない。

もっと恐竜を理解するために ②

大陸の移動と恐竜の多様化

大陸は移動している――これは、現在では紛れもない科学的事実です。地球の表層は、十数枚の「プレート」と呼ばれる厚さ100kmほどの岩盤に覆われています。プレートは、その下にある「マントル」の対流に乗って絶えず運動しており、地震や火山活動等の地殻変動や大陸移動を引き起こします。これを「プレートテクトニクス（プレート理論）」といいます。

大陸は、約3億年周期で集まったり離れたりを繰り返しています。恐竜は、ほぼすべての大陸が集合して超大陸パンゲアを形成していた時代に登場し、最終的に大半の大陸が分裂した白亜紀末まで繁栄していた動物です。大陸移動が、恐竜の進化と多様化に多大な影響を及ぼしたことは間違いありません。事実、三畳紀⇒ジュラ紀⇒白亜紀と、恐竜の多様性は加速度的に増加しており、これが大陸の分裂と連動したものであったことは明らかです。

◀三畳紀後期
約 2 億 3700 万年前の地球

ジュラ紀後期▶
約 1 億 5200 万年前の地球

※ローラシア大陸はジュラ紀後期にはすでに分裂し始めていた

◀白亜紀後期
約 9400 万年前の地球

『Dinosaurs:A Concise Natural History (2nd edition)』
Fastovsky & Weishampel (2012) を基に作成

第3章

恐竜ハンター列伝

～恐竜研究史と恐竜を求めた人々～

化石を探して荒野を飛び回る人々を「化石ハンター」と呼びますが、最近では、恐竜の謎を追い続ける研究者も加えて「Dinosaur Hunters＝恐竜ハンター」と総称することがあります。研究史に名を残す個性派揃いの恐竜ハンターたちの活躍を通して、冒険と発見に彩られた恐竜研究の世界を見ていきましょう。

1 恐竜研究の歴史Ⅰ

最初の竜と探究者たち(1820年代~)

時は1820年代のイギリス。まだダーウィンの進化論もなく、**すべての生物は神の創造物**と誰もが信じきっていた頃。科学者たちは**絶滅した太古の生物**の存在に気づき始めていたものの、それはあくまで**ノアの大洪水**で滅びた生物という認識であり、そもそも世界が誕生したのはわずか数千年前でしかない……。そんな考えが当たり前の時代でした。

きっかけは1本の歯から

1822年のある日、イギリスの外科医**ギデオン・マンテル**が、道端で奇妙な歯の化石を入手しました。長年、地元で化石を収集してきたマンテルは、その歯の特異性をいち早く見抜き、専門家に相談しました。しかし、素人のマンテルの意見に、多くの学者はろくに耳を貸さず、まともに相手をしてくれた学者も、化石の重要性を認めてはくれませんでした。

ギデオン・アルジャノン・マンテル(1790～1852)

納得のいかなかったマンテルは、独自に調査を開始。粘り強い研究の末、現生のイグアナに似た歯を持つ**絶滅した植物食の巨大爬虫類**であるという結論に達し、1825年に「イグアノドン」(=イグアナの歯)と命名し、発表しました。

ウィリアム・バックランド(1784～1856)

実はイグアノドンの発表より一足早い1824年に、同じくイギリスの地質学者**ウィリアム・バックランド**が、肉食の巨大爬虫類**「メガロサウルス」**(=巨大なトカゲ)を発表しています。公式にはメガロサウルスが**最初の恐竜**となりますが、真っ先に重要性を見出して研究を進めたマンテルの功績を重視し、本書ではイグアノドンを**最初の発見**として取り上げました。

恐竜くん一口メモ　現生の爬虫類で植物食のものは比較的珍しい。当時の学者が、マンテルの主張する「植物食の大型爬虫類」を受け入れられなかったのも、無理はないかもしれない。

DINOSAURIA
洗練された驚異的な爬虫類

メガロサウルスやイグアノドンの発表以降、十数年ほどの間に複数の恐竜化石が発見されましたが、この時点では、単に**絶滅した巨大な爬虫類**という認識でしかありませんでした。いずれの化石も断片的で、とても正確な全体像を把握できるようなものではなかったからです。

　しかし、そこで登場したのが、天才とも称されたイギリスの解剖学者**リチャード・オーウェン**です。彼は、一見無関係に思えるこれらの爬虫類に**明確な共通点がある**こと、そして**現生の爬虫類とは全く異なる未知の動物である**ことを見出しました。そして、これらの動物をひとつのグループにまとめ、**「史上最も洗練された、驚異的な爬虫類」**という意味をこめて「DINOSAURIA＝恐竜」と命名したのです。

リチャード・オーウェン（1804～1892）

　極めて不完全な化石から恐竜の正確な大きさを計算したり、恐竜が**直立歩行**していたことや身体機能に優れた**活動的な動物**だということを見抜いていたりと、恐竜に関するオーウェンの推測は、**現代の私たちから見ても驚くほど的確**なものでした。ただ、全身骨格は未発見であったため、さすがのオーウェンも正確な姿形までは想像できなかったようです。オーウェンの指揮で実物大の恐竜模型が制作されましたが、その姿は、恐竜の実態とは大きくかけ離れたものでした。

オーウェン監修で制作中のイグアノドン（中央奥）とメガロサウルス（左手前）

そこが気になる!?　恐竜研究ウラ話

Q　恐竜研究の歴史を切り開いた3者、マンテル、バックランド、オーウェンはどんな人物だったの？

A　**マンテル**は**真面目な性格で、医師としての評判も上々**でした。反面、少し**人見知りで神経質かつ頑固**なところがあり、**夢中になると周りが見えなくなるタイプ**だったようです。**バックランド**は、**気さくでユーモアあふれる社交的な好人物**と評判です。大学での彼の講義はいつも学生に大人気で、次代の優秀な研究者を大勢輩出しました。ただ、**相当な変わり者としても有名**でした。動物好きで、お気に入りのクマをいつも連れ歩き、乗馬の際には自分の後ろに乗せるほど溺愛していたそうです。**オーウェン**は、若い頃から才能を発揮した**天才的科学者**でした。一方で、輝かしい名声と同じくらいに、**意地の悪さでも有名**です。特にマンテルとは仲が悪く、彼の功績を横取りしようと画策し、何かにつけて嫌がらせをしたといいます。

恐竜くん一口メモ　実はイグアノドンの歯を発見したのは、マンテルの趣味に協力的だった妻のメアリーだという。しかし、恐竜に没頭し過ぎて家庭を顧みなくなった夫と最終的に破局してしまう。

2

恐竜研究の歴史Ⅱ

始祖鳥と進化論（1861年〜）

19世紀も中頃になると、地質学の世界を中心に、聖書から離れて客観的な目で物事をとらえようという研究姿勢が、少しずつですが浸透し始めていました。やがて、1859年に**チャールズ・ダーウィン**が**『種の起源』**を出版。それまでの価値観を根底から覆す新たな進化論に、生物学の世界は真っ二つ！　壮絶な議論を巻き起こしました。そんな中、1861年にドイツで発見された美しくも奇妙な化石――**「始祖鳥」**は進化論争をさらに加速させるものでした。

チャールズ・ロバート・ダーウィン（1809〜1882）

美しい翼の跡が残る始祖鳥の標本
（所蔵：佐賀県立宇宙科学館）

始祖鳥（アーケオプテリクス）

羽毛の生えた爬虫類「始祖鳥」の発見

その化石には、体を覆う**羽毛や翼の跡**がくっきりと残され、一見それは鳥のようでした。しかし、注意深く見てみると、**現生の鳥ほど飛行生物として完成しておらず**、鳥には存在しないはずの**歯**や**長い尾**をはじめ、爬虫類的な特徴が目につきます。まさに**爬虫類から鳥に進化する中間の動物**というべき化石でした。

時は、進化論「賛成派」と「反対派」が激論を繰り広げている真っ最中。そこへ突如現れた進化の証人ともいうべき始祖鳥の化石。現代日本に生きる私たちには想像もできないような、すさまじい衝撃だったでしょう。

恐竜くん一口メモ　進化の概念自体はダーウィン以前から存在していた。また、同時期に進化を研究していたアルフレッド・ウォレスは独自にダーウィンとほぼ同じ結論に到達している。

「鳥=恐竜」説の誕生は今から150年前!?

始祖鳥の骨格の基本構造は、典型的な小型獣脚類のものと、ほとんど変わりがありません。実際、翼や羽の跡さえなければ、始祖鳥の化石は、どう見てもただの小さな恐竜です。当時の研究者が、**すぐに始祖鳥と恐竜を結びつけて考えた**のも、至極当然な流れであったといえます。

例えば、強硬な進化論者として知られる**トーマス・ハクスリー**も、始祖鳥と小型恐竜の骨格を詳しく比較した結果、**「鳥は恐竜から進化した」**と結論づけています。

本書でも繰り返し述べている「鳥が恐竜の中から進化した」という見解は、ごく最近生まれたばかりの新しい仮説と思われがちですが、実際には今から約150年も前、ダーウィンの時代にすでに提唱されていたのです。

ハクスリーが始祖鳥と比較した小型獣脚類コンプソグナトゥス
(所蔵:佐賀県立宇宙科学館)

羽毛跡のない始祖鳥標本。発見当初は始祖鳥とはみなされなかった
(所蔵:佐賀県立宇宙科学館)

トーマス・ヘンリー・ハクスリー
(1825~1895)

そこが気になる!? 恐竜研究ウラ話

Q 神話の中に登場する怪物の正体は恐竜?

A 科学的重要性を見出したという意味では、マンテル夫妻やバックランドが恐竜の最初の発見者といえますが、それ以前にも、知らずに恐竜化石を目にした人は大勢いたでしょう。世界各地に伝わる巨人や怪物の記録や伝説には、明らかに恐竜の化石がもとになったと思われるものがあり、中には誤認されたまま正式に発表された例もあります。例えば、巨人の男性器と考えられ、1763年にスクロトゥム・フマヌム(ヒトの陰嚢)と命名・発表された化石の正体は大型獣脚類の大腿骨の一部でした。また、ヨーロッパの神話に登場するワシ頭の怪物「グリフォン」の伝説は、大きなクチバシを持った角竜類プロトケラトプス(P50)の化石を見たアジア人が伝えたものではないかと推測する歴史学者もいます。

恐竜くん 一口メモ マンテルはじめ一部の研究者は、この時までにすでに恐竜が「二足歩行」していた可能性を指摘しており、進化論者が恐竜と鳥の関連性に着目する際の重要なヒントとなった。

3

恐竜研究の歴史Ⅲ

恐竜大戦争（1870年代～）

1850年代以降、北米でも恐竜の発見が相次ぎ、本格的な研究が始まります。そして1870年代、アメリカを代表する2人の古生物学者による**恐竜発掘競争**をきっかけに、以後、恐竜研究の中心はヨーロッパから北米へ移りました。ささいな仲違いから始まったとされる両者の争いは、やがて想像を絶する激しい戦いへと発展していったのです。

恐竜をめぐる2人の激闘

2人の学者、**エドワード・コープ**と**オスニエル・マーシュ**が1870～90年代に北米西部で壮絶な恐竜化石の発掘競争を繰り広げました。2人は莫大な資金を投入し、大規模な発掘調査隊を結成。競争は日に日に激化し、相手陣営への**妨害**、**スパイ行為**や**買収**、**化石の略奪**は日常茶飯事。発掘の合間には、メディアを通して、お互いを激しく中傷し合いました。ついには、**ダイナマイトを使った爆破工作**や、一説によれば激高した両陣営による**銃撃戦**に突入することさえあったといいます。

次々に化石を発見し、争うように新種を発表していった2人。最終的に両者が発表した恐竜は、**コープが56種にマーシュが80種**。2人の競争以前に北米で発見されていた恐竜はわずか9種といいますから、いかにこの発掘競争がすさまじいものであったかがわかります。

マーシュ（後列中央）率いる発掘調査隊。数名が銃を携行している

オスニエル・チャールズ・マーシュ
（1831～1899）

恐竜くん一口メモ　コープとマーシュの発掘競争は、英語で"the Bone Wars"（骨戦争）または"the Great Dinosaur Rush"（大恐竜ラッシュ）と呼ばれる。本書では2つの名称を合わせて「恐竜大戦争」とした。

コープとマーシュの功罪とは

2人の度を越した過激な競争は決して褒められたものではありません。実際、彼らのあまりにも醜悪な争いに嫌気がさして、古生物学の世界から身を引いてしまった研究者さえいたそうです。

しかし、彼らの膨大な発見が、次世代の若い研究者や化石ハンターたちに「この世界には、まだまだ未知の恐竜が眠っている！」という希望を与えたことも確かです。結果として北米の恐竜研究は大きく花開き、後の恐竜研究黄金期へと繋がっていったという事実を見落としてはいけないでしょう。

なお、「あの2人のようにだけはなるまい」という**反面教師**の役割もしっかり果たしていたのか、次世代の恐竜ハンターたちによる発掘競争はいたって平和的なものでした。

発表した恐竜の数だけ見れば、競争は**マーシュの勝ち**といえます。しかし、コープにとって恐竜は、膨大な研究対象のほんの一部に過ぎませんでした。幼少期から優れた才覚を発揮したコープは、56年の生涯で実に**1400本近い論文や著作**を執筆し、**1200種以上の新種生物を発表**。しかも、**自ら発掘・研究・論文執筆・イラスト制作まで手掛けていた**という多才ぶり。発掘競争の汚点さえなければ、史上最も偉大な生物学者の一人に数えられてもおかしくない人物であり、ある意味では「不遇の天才」といえるでしょう。

エドワード・
ドリンカー・コープ
(1840～1897)

そこが気になる!? 恐竜研究ウラ話

Q 恐竜研究史上最悪の大ゲンカの原因は？

A 最初はとても仲が良かったという2人。ただ、コープは**正直だが短気で怒りっぽく**、マーシュは**穏やかだが陰険で意地悪**だったといわれているので、**そもそも相性が悪かった**のかもしれません。何かとケンカの絶えない2人でしたが、ある時、決定的な事件が起こります。コープが首長竜エラスモサウルスの骨格図を発表した際、間違って尻尾の先に頭をつけてしまいました。間違いに気づいたマーシュがコープを笑い者にし、当然コープは激怒。プライドの高いコープは、すでに出版されていた論文を自腹ですべて買い取って厳重に処分しましたが、なんと今度はマーシュが自腹で骨格図のコピーを大量にバラまいて対抗したそうです。一説によれば、この事件が決定打となって2人は完全に決裂。かくして恐竜大戦争の火蓋が切られたのです。

恐竜くん一口メモ コープの功績は新種の発表ばかりでなく、進化の研究にも定評がある。実は、あのトーマス・ハクスリー(P77)よりも早く「鳥が恐竜から進化した」可能性を指摘していた。

4

恐竜研究の歴史Ⅳ

恐竜ハンターの活躍（1900年頃〜）

いよいよ、偉大な恐竜ハンター率いる探検隊による、目覚ましい活躍が始まります。その探究心は北米だけにとどまらず、アフリカやアジアへも進出し、世界規模の研究発展へと繋がりました。恐竜研究の黄金時代が到来したのです！

カナダ・アメリカ調査隊①
20世紀最高の恐竜ハンター

1900年頃から、アメリカ自然史博物館の古生物学者**ヘンリー・オズボーン**指揮のもと、**史上最高の恐竜ハンターと名高いバーナム・ブラウン**率いる探検隊が、北米西部で大々的な発掘調査を開始しました。聡明で機知に富んだブラウンは、様々なアイディアや大胆な手法を柔軟に取り入れ、怒涛の勢いで化石を探索。**ティラノサウルス**や**アンキロサウルス**、**パキケファロサウルス**などの有名恐竜を立て続けに発見し、大活躍しました。なんと80歳を過ぎても元気に荒野を歩き回り、発掘調査を続けていたそうです。いつもティラノサウルスを「私の一番のお気に入り」と語りながら、生涯現役でバリバリ活躍し続けた、根っからの恐竜ハンターでした。

バーナム・ブラウン
(1873〜1963)

カナダ・アメリカ調査隊②
家族ぐるみで恐竜ハンター!?

ブラウンと同じ頃、カナダでは**チャールズ・スタンバーグ**と3人の息子で結成された**恐竜ハンター一家**が大活躍。**エドモントサウルスの貴重なミイラ化した化石**や、肉食恐竜の**ゴルゴサウルス**、角竜**スティラコサウルス**の発見は、特に有名です。険悪だったコープ隊とマーシュ隊と違って、ブラウン隊とスタンバーグ一家はとても仲が良く、**お互いを認め合った、素晴らしいライバル同士**でした。互いの技術や情報を積極的に交換しながら、友好的な発掘競争で腕を磨き合い、北米の恐竜研究の発展を大きく後押ししました。

恐竜くん一口メモ　この時アフリカで発見されたブラキオサウルスは、最近になって北米のブラキオサウルスとは全く別の恐竜であることが判明し、「ギラッファティタン」(P150)と改名された。

アフリカ調査隊
超巨大恐竜の大地

1900年代には、アフリカを舞台にドイツの恐竜ハンターたちも本格的に活動開始。タンザニアで大規模な発掘調査が行われ、最大級の恐竜のひとつ**ギラッファティタン**を含む、大量の化石が発見されました。

一方、同じくドイツの古生物学者**エルンスト・シュトローマー**と化石ハンターの**リチャード・マークグラフ**も、エジプトで調査を実施。長年にわたる発掘の末、史上最大級の肉食恐竜として知られる**スピノサウルス**と**カルカロドントサウルス**を筆頭に、大きな成果を挙げました。

エルンスト・フライヘア・シュトローマー・フォン・ライヘンバッハ
(1870～1952)

モンゴル調査隊
インディ・ジョーンズの冒険

アメリカ自然史博物館のオズボーンは、遠く離れたモンゴルのゴビ砂漠にも調査隊を派遣します。隊長の**ロイ・アンドリュース**は、**冒険映画『インディ・ジョーンズ』**のモデルになったともいわれる一流の探検家で、最も有名な恐竜ハンターの一人です。アンドリュース隊は、3度にわたる遠征で、**プロトケラトプス**や**ヴェロキラプトル**をはじめとする数多くの未知の恐竜と、当時世界的なニュースとなった**恐竜の巣と卵の化石**を発見。以来、ゴビ砂漠は世界有数の恐竜化石産地として、恐竜ハンターの憧れの地であり続けています。

ロイ・チャップマン・アンドリュース
(1884～1960)

そこが気になる!? 恐竜研究ウラ話

Q ブラウンやアンドリュースを指揮したオズボーンとは？

A アメリカの高名な古生物学者で、**最初にティラノサウルスを研究し、命名・発表した人物**です。**エドワード・コープ**の教え子で、イギリスで**トーマス・ハクスリー**にも学びました。25年間ニューヨークの**アメリカ自然史博物館で館長**を務め、その間、世界各地に精力的に調査隊を派遣。**科学者としての優れた洞察力と館長としての先見の明**を併せ持っていたオズボーンは、同館の恐竜・古生物研究の発展と充実に、計り知れない貢献をしました。専門は哺乳類ですが、アルバートサウルスやヴェロキラプトル、プシッタコサウルスなど多数の恐竜も研究・命名しています。

ヘンリー・フェアフィールド・オズボーン
(1857～1935)

恐竜くん一口メモ アンドリュースのゴビ砂漠遠征の本来の目的は人類と哺乳類の起源を探ることだった。当初の目論見は外れたものの、予期せぬ恐竜化石の大発見を成し遂げ、まさに結果オーライとなった。

恐竜研究の歴史Ⅴ

恐竜研究の暗黒時代（1930年代〜）

ここまでの100年あまり、順調に発展を続けてきた恐竜研究の世界でしたが、1930年代に入り、急速にその勢いは衰えていきます。世界的な大恐慌、そして第二次世界大戦。不安定な社会情勢の中、研究は軒並み停滞。人々は恐竜への関心を失い、多くの貴重な標本も戦火に消えていきました。それはまさに、暗黒の時代でした。

戦火に消えた恐竜 幻のスピノサウルス

第二次世界大戦は、恐竜研究の世界にも多大な傷跡を残しました。大都市に位置する博物館などでは、戦火を免れるためにあえて貴重な標本を手放し、地方の施設に譲渡する形で疎開させるようなケースが多く見られました。事実、危うく全焼しかけた博物館は数知れず、今も生々しい焦げ跡の残る恐竜化石が存在します。

シュトローマーの残した資料を頼りに復元されたスピノサウルスの骨格（所蔵：飯田市美術博物館）

最も有名なのは、**スピノサウルスの焼失**でしょう。シュトローマーたちがエジプトからドイツに持ち帰った化石は、当時ミュンヘン博物館に展示されていました。しかし1944年4月24日、イギリス軍がミュンヘンを空爆した際に博物館を誤爆。スピノサウルスを含むエジプト調査の膨大な成果は、一夜にしてすべて灰となってしまったのです。

大恐慌による財政悪化 恐竜ハンターたちは

戦争被害だけでなく、博物館などの研究現場では、大恐慌の影響による**財政悪化**が深刻な問題でした。

かつて、あれほど大々的に国内外に調査隊を派遣していたアメリカ自然史博物館も、例外ではありません。1930年代に入ると、大幅な人員整理を断行。部門によっては、全盛期の半数にまで削減されたそうです。それでも資金繰りに苦心し、貴重な標本の一部も売却しました。

恐竜くん一口メモ　ゴビ調査で名をはせたアンドリュースは1935年、資金難のアメリカ自然史博物館館長に就任。根っからの冒険家であった彼にとって、やりがいのある地位ではなかったようだ。

研究の後退① 鳥と恐竜は無関係!?

始祖鳥の発見を機に提唱された「鳥は恐竜から進化した」という見解ですが、この頃には**恐竜と鳥が似ているのは偶然の一致であり、両者は全く無関係である**という考えが主流になっていました。鳥と恐竜の関係を否定する仮説そのものは1920年代に発表されたものでしたが、この暗黒時代に長く研究が停滞したせいで、ろくに再検証や反論もされないまま、定着してしまったようです。

研究の後退② ゆがんだ恐竜像

オーウェン（P75）やオズボーンのように、科学的な目で冷静に恐竜を観察した初期の研究者は、**恐竜が活動的な動物である**と分析していました。

しかし、当然ながら、すべての研究者が同じ姿勢だったわけではありません。むしろ多くの研究者は、依然として恐竜を、単なる絶滅した巨大爬虫類としか見ていませんでした。

そもそも、欧米の古典的宗教観における爬虫類のイメージは極めて悪く、**爬虫類は劣った動物である**、という偏った価値観が根強く存在していたのです。長く研究が停滞したこの時代には、人々の中で徐々に**「偏見」が「科学」に勝っていきました。**

「恐竜は知能が低く鈍重で、巨大化し過ぎて適応力がなくなったために哺乳類との生存競争に敗れ、子孫を残せずに絶滅した時代遅れの生きもの」というマイナスイメージが、すっかり浸透してしまいました。

恐竜と鳥の関係が完全に否定されてしまったことで、生物学的な研究の可能性も狭まり、ある意味で恐竜は、学問上における「絶滅」に瀕していたといえるかもしれません。

そこが気になる!? 恐竜研究ウラ話

Q 混沌の時代に恐竜ハンターはどうしていたか？

A 化石調査の傍ら、国際的な産業スパイを副業にしていたという異色の経歴を持つ**ブラウン**。優れた頭脳と才覚を見込まれ、2度の大戦中は政府のスカウトで作戦参謀を務めました。戦後はハンター業に復帰。研究停滞期も地道に調査を続け、恐竜関連の娯楽や普及活動、後進の育成にも熱心に取り組み続けました。

シュトローマーは悲劇的でした。戦時中のドイツでナチスに批判的な姿勢を貫き、ナチス党員のミュンヘン博物館館長と対立。同館の標本疎開案を阻まれ、結果、アフリカ調査の成果は全焼。見せしめに激戦区に送られた3人の息子の内2人が戦死。生死不明だった3人目の息子だけはシュトローマーが亡くなる前に何とか生還し、せめてもの救いとなりました。

恐竜くん一口メモ 「鳥＝恐竜」が否定された最大の根拠は、鳥には必ずあるはずの叉骨《さこつ》(P155)が恐竜には存在しないという点だった。実は当時未発見だっただけで、後に多くの獣脚類で叉骨が発見された。

6

恐竜研究の歴史Ⅵ

恐竜ルネッサンス（1969年〜）

1960年代終盤、長い暗黒時代が、ようやく終わりを告げました。とある恐竜の発見を機に、若き研究者たちが立ち上がったのです。ゆがんだ価値観が断ち切られ、劇的に変わってゆく恐竜研究の世界。何もかもを一変させた**「恐竜ルネッサンス」**の始まりでした。

デイノニクスの発見 鳥はやっぱり恐竜だった！

歴史を動かしたのは、1969年に発表された人間大の獣脚類の恐竜**デイノニクス**です。この恐竜を研究した古生物学者**ジョン・オストロム**は、あまりにも洗練された体の構造に衝撃を受けます。この恐竜が**優れた運動能力を持つ活発なハンター**であったことに、疑いの余地はありませんでした。さらにオストロムは、デイノニクスと始祖鳥を詳しく比較した上で、確固たる自信を持って**「鳥はデイノニクスのような恐竜から進化した」**と結論づけました。100年前に登場した「鳥＝恐竜」説が、ついに復活したのです。

恐竜研究の歴史を変えた「デイノニクス」の骨格
（所蔵：佐賀県立宇宙科学館）

恐竜界の風雲児？ バッカーと恐竜温血説

オストロムとともに新時代を切りひらいたのは、教え子の**ロバート・バッカー**でした。当時まだ20代の若手研究者だったバッカーは、オストロムの見解をさらに進め、**すべての恐竜は高い代謝と身体機能を持った活動的な動物だった**という**「恐竜温血説」**を主張。偏見に満ちた古い恐竜像を一蹴します。恐竜温血説には、多少強引で過激な論調も目立ちましたが、結果的に世界的な議論を巻き起こし、停滞していた恐竜研究の世界は、まるで息を吹き返すように一気に活気づきました。恐竜研究第2の黄金時代が幕を開けたのです。

恐竜くん一口メモ 研究テーマに悩む学生時代のオストロムを最初にデイノニクスの化石と引き合わせ、研究をするようにと強く薦めたのは、あの偉大な恐竜ハンター「バーナム・ブラウン」(P80)だった。

恐竜ルネッサンスで研究はどう変わったか

これ以降、「恐竜ルネッサンス」に刺激を受けた新世代の研究者たちにより、驚きの新発見や画期的な研究発表が相次ぎました。すべてを取り上げることはできませんが、特に重要な研究を一部ご紹介します。

●**新しい分類法**

昆虫研究の世界で1950年代に確立された**分岐分析**という系統解析法が、1980年頃から恐竜研究にも導入されました。これ以降、恐竜の系統関係について、**初めて本格的な検証ができるようになった**といえます。

1986年、**ジャック・ゴーティエ**が分岐分析を用いて「鳥が恐竜である」ことを明示した研究を発表。これが、真に科学的な手段をもって「鳥＝恐竜」を明言した最初のケースといえるでしょう。

●**子育て恐竜**

1979年、ハドロサウルス類の恐竜が子育てをしていたという研究が発表され、世界中で大きなニュースとなりました。その後の研究で、多くの恐竜が何らかの形で子育てをしていたことがわかっています。

●**恐竜絶滅論争と隕石説**

P68でも詳しく述べた「小惑星衝突による恐竜絶滅説」が1980年に登場。センセーショナルな仮説の登場をキッカケに、恐竜絶滅論争が本格化しました。

●**恐竜イメージの変化**

恐竜の姿勢や生態についての新しい研究や発見により、恐竜のイメージが大きく変貌。多くの恐竜が尻尾を引きずらずに鳥のように体を水平にして歩いていたことや、半水生とばかり考えられていた大型竜脚形類が完全な陸上動物であることなどがわかりました。

そこが気になる!? 恐竜研究ウラ話

Q 日本での恐竜研究はどのように始まった？

A 日本最初の恐竜の記録は、1934年に当時日本領だった樺太（サハリン）で発見され1936年に発表された、カモノハシ竜ニッポノサウルス・サハリネンシスです。しかし、その後数十年間、日本での発見報告は一切なく、「日本で恐竜は見つからない」というのが半ば常識となっていました。状況が変化したのは1978年。岩手県から竜脚形類の上腕骨が発見されたのをキッカケに、熊本、群馬、石川、福井などで、立て続けに恐竜化石の発見が報じられたのです。いずれの化石も骨の一部や歯といった断片的なものばかりでしたが、日本でも恐竜が見つかることが確実となったことで、調査・研究が一気に本格化。まさに日本における恐竜ルネッサンスでした（日本の恐竜化石についてはP92も参照）。

恐竜くん一口メモ　ニッポノサウルスの骨格は全長4mほどで、近年の再研究により北米のカモノハシ竜ヒパクロサウルスに近縁なことや、まだ成長途上の個体であることなどが判明した。

7

恐竜研究の歴史Ⅶ

恐竜研究の最前線へ（1996年〜）

1990年代以降、次々に有望な化石産地が開拓され、年間約20〜50種という怒涛のペースで、世界中から新種の恐竜が報告され続けています。最新の技術を駆使した全く新しい研究手法の確立も相まって、目覚ましい発展を遂げた恐竜研究の世界。恐竜ルネッサンス以降、ますます勢いを増し、なお進化し続ける恐竜研究の「今」と「これから」を見ていきましょう。

「鳥＝恐竜」の動かぬ証拠 羽毛恐竜、発見！

1996年、ひとつの衝撃的なニュースが世界を震撼させました。鳥以外の恐竜としては史上初となる、**全身を羽毛で覆われた恐竜化石「シノサウロプテリクス」**が発表されたのです。その化石には、背筋に沿って首から尻尾の先まで、くっきりと羽毛の跡が残されていました。以前から**羽毛を生やした小型獣脚類**の存在は予測されていましたが、とうとう動かぬ証拠が見つかったのです。浸透し始めていた「鳥＝恐竜」説を決定的にする、大発見でした。

世界初の羽毛恐竜
シノサウロプテリクスの標本
（所蔵：群馬県立自然史博物館）

不可能を可能にしていく新時代の研究

現代の研究を象徴するのは、新種の発見ラッシュや羽毛恐竜だけではありません。何よりも重要なのは、新しい技術やアイディアの導入により、**今まで不可能とされてきたことが可能になっていくこと**なのです。例えば、恐竜の寿命は何年くらいで、一体どのくらいの早さで成長したのか。成長するにしたがって、どのように姿が変わっていったのか。恐竜の噛みつく力は、具体的にどのくらいの強さだったのか。恐竜の運動能力は？　体温は？　関節の動きは？　次々に新しい研究分野が開拓されています。

恐竜くん一口メモ　近年の新種の報告ペースは目を見張るものがあるが、ただ増える一方とは限らない。詳細な再研究によって既知の恐竜の独自性が疑われ、抹消されるケースもある。

恐竜研究史を読み解くカギは鳥と恐竜の関係にあり

ここまでの恐竜研究史を見返すと、主要な転換期には、いつも鳥と恐竜の関係が大きなカギとなっていることがわかります。

最初にオーウェンが新たなグループとして「恐竜類」を提唱した時、最大のポイントとなったのは、**恐竜が既知のほかの爬虫類とは決定的に異なる動物である**という事実でした。

やがて、ダーウィンの進化論が登場するやいなや、**進化学者は即座に鳥と恐竜の関係に注目**しました。逆に、その後に**鳥と恐竜の関係が一旦否定され、忘れ去られた**という事実は、1930年代以降の恐竜研究の後退を象徴するものといえます。

研究復興つまり恐竜ルネッサンスは、**「鳥＝恐竜」説の復活**によって、華々しく幕を開けました。それ以降の研究は、**分岐分析による理論的な証明**と、**羽毛恐竜という物証の発見**を経て、**「鳥＝恐竜」説の決着**に収束します。

こうして見ると、恐竜研究の歴史は鳥と恐竜の関係を探究してきた歴史とさえいえるかもしれません。

では、今後の研究はどうでしょうか？ **鳥は現代も生き続ける恐竜である**というのが確定的となった今、研究現場ではすでに、**鳥の体の構造や生態、あるいは遺伝子の解析などを基準に、恐竜の進化や生態を解明する**という手法が定石となってきています。鳥は、今までも、そしてこれからも、恐竜研究のカギなのです。

これまで絶対にわからないといわれてきた恐竜の色でさえ、最近の研究の一環として、**一部の羽毛恐竜化石から色が判明**しています。第4・5章では、こうした最新研究の成果にもスポットを当てながら、様々なトピックスを取り上げます。

そこが気になる!?　恐竜研究ウラ話

Q　最新技術は研究現場でどのように活かされていく？

A　恐竜研究には不可欠な、岩から化石を取り出す作業・**プレパレーション**（P98）。確かな技術はもちろん、膨大な時間と労力を要する大仕事です。この工程に時間がかかり過ぎれば、肝心の研究がなかなか進みません。そんな化石研究の常識を覆す画期的な新技術として期待されるのが、近年、急速に広まりを見せる3Dプリンターです。CTスキャンと併せて駆使すれば、岩から取り出さずに、恐竜化石を正確に「再現」することが可能となります。硬い岩盤でも、脆くて繊細な化石でも関係ありません。縮小・拡大も自在な上、データは世界中の研究者が簡単に共有できます。今後の化石研究を根底から変える、大革命となるかもしれません。

恐竜くん一口メモ　最新データや技術を追うだけでなく、時に過去の研究を見返すことが大きなヒントとなる。限られた情報の中で先入観抜きに恐竜と向き合った先人から学べることは実に多い。

もっと恐竜を理解するために ③

「鳥＝恐竜」説は絶対に正しいの？ 科学の考え方

科学に「100%の真実」はありません。その意味では、「鳥＝恐竜」説が絶対に正しいといい切ることはできないでしょう。鳥と恐竜が全く無関係である可能性だって、理論的にいえば0%ではないからです。ただし、これはあくまで科学の原理・原則の話です。

極端なことをいえば、何の根拠もない、ただの思いつき同然の仮説や反論でも、理論的には可能性は0%ではないのです。しかし、そのような根拠の薄い反論まですべて均等に対応していたら、研究は何ひとつ前に進められません。そこで、あらゆる角度から十二分に検証された上で「現時点ではもはや疑う余地がない」といえる仮説は、**科学的事実**として扱われます。例えば、「生物は進化する」「大陸は移動している」といった**定説**が、これに当たります。

では、「鳥＝恐竜」説はどうでしょうか？　約150年前に最初に提唱されて以来、一時的なブランクはありましたが、多くの研究者が様々な根拠を基に同様の主張をしてきました。そして1986年、膨大なデータと詳細な検証に基づく分岐分析により、明確に「鳥＝恐竜」説が示されました。この分析結果は、世界中の研究者による**再検証（追試）**が繰り返し行われ、「鳥＝恐竜」説の正しさが立証されています。

また、1986年から現在までの約30年間、当然ながら数多くの新発見や技術の発展がありました。科学の世界では、新たな知見が加わることで、既存の見解に矛盾が生じることや、仮説が覆されてしまうケースが多々あります。しかし、「鳥＝恐竜」説の場合は全く逆で、新しいデータが加わるたびに、むしろ**一層強固に仮説が裏づけられていく一方**なのです。近年の**相次ぐ羽毛恐竜の発見**が好例でしょう。このように「仮説の提唱より後に登場した新発見や新データが、その仮説と矛盾せず、より強く仮説を裏づける結果となる」というのは非常に重要なポイントで、科学において、**理論の正しさを示す大きな指標**といえます。

過去、「鳥＝恐竜」説に対する反論も数多くありましたが、すべて**再反証**が済んでおり、現時点で**科学的に有効な反論や対立仮説は存在しません**。将来的に覆される可能性も、極めて考えにくいといえるでしょう。鳥は恐竜である――これは、確固たる**定説**であり、**科学的事実**なのです。

第4章

恐竜研究室へようこそ！

～最新の恐竜研究を知る～

遠い昔に絶滅してしまった生きもののことや、誰も見たことのない太古の世界のことが、どうしてわかるのでしょうか？　手掛かりは「化石」にあります。化石は、一体どこでどのように発見され、どのように研究されているのか？　名前はどうやってつけるのか？　日々進歩し続ける恐竜研究の世界を覗いてみましょう。

1 恐竜発見マップ ～世界編～

ダイナソー・パーク層（カナダ）
白亜紀後期（約7500万年前）

ゴルゴサウルス（獣脚類）、パラサウロロフス（鳥脚類）、スティラコサウルス（角竜類）ほか

多種多様な恐竜化石を産出。これまでに発見された恐竜の種の数は世界最多とされる。

ランベオサウルス

ヘル・クリーク層（アメリカ合衆国）
白亜紀後期（約6600万年前）

ティラノサウルス（獣脚類）、アンキロサウルス（曲竜類）、エドモントサウルス（鳥脚類）ほか

白亜紀最末期、大量絶滅直前の「最後の恐竜」たちを産出する代表的な地層。

トリケラトプス

モリソン層（アメリカ合衆国）
ジュラ紀後期（約1億5000万年前）

アロサウルス（獣脚類）、ディプロドクス（竜脚形類）、ステゴサウルス（剣竜類）ほか

ジュラ紀の恐竜化石の一大産地。とりわけ、竜脚形類の多様性は特筆に値する。

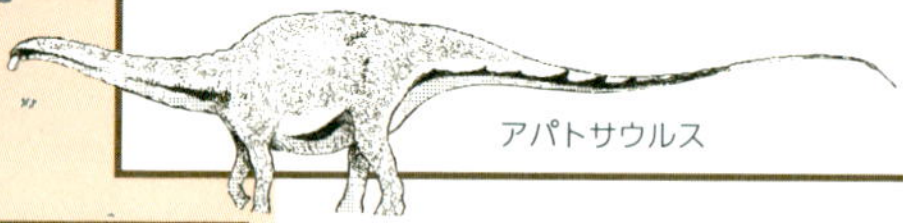
アパトサウルス

イスチガラスト層（アルゼンチン）
三畳紀後期（約2億3000万年前）

ヘレラサウルス（獣脚類）、エオラプトル（竜脚形類）、ピサノサウルス（鳥盤類）ほか

初期のワニ類や哺乳類の祖先とともに「最古の恐竜」たちを産出する重要な発掘地。

1820年代に最初にイギリスで発見が報告されて以来、恐竜の化石は、南極も含めた全大陸で発見されています。有名な化石産地は世界中に散らばっており、すべてを網羅することはできません。ここでは、古くから恐竜ハンターの聖地として知られてきた世界最高峰といえる発掘地から、近年目覚ましい成果を挙げ続けている話題の産地まで、特に象徴的と思われる9つのエリアを厳選し、代表的な恐竜とともに紹介します。

恐竜くん一口メモ 一口に北米産といっても、地域ごとに露出している地層は異なるため、例えば、白亜紀のティラノサウルスとジュラ紀のアロサウルスは同じ地層（産地）からは産出しない。

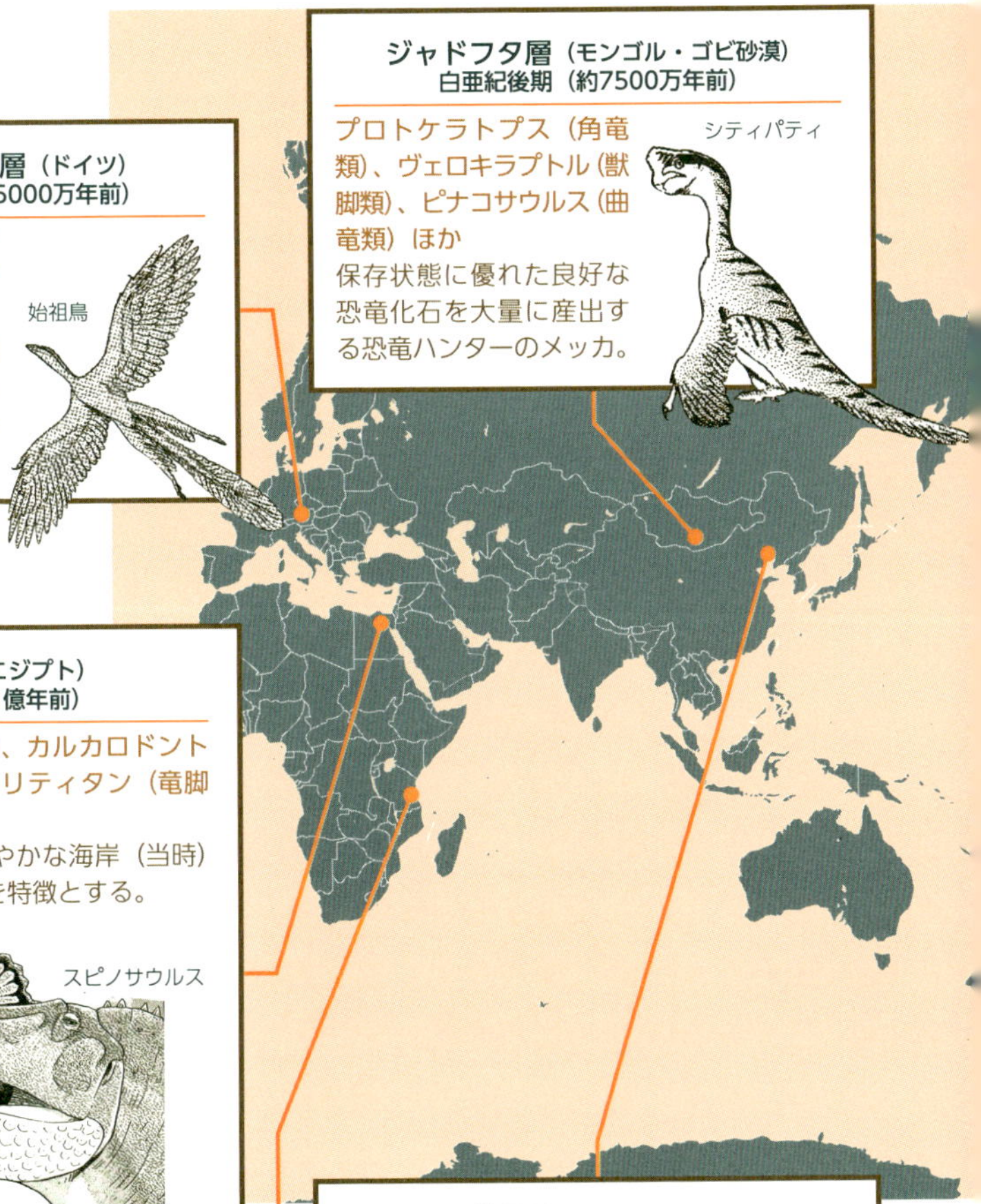

ゾルンホーフェン層（ドイツ）
ジュラ紀後期（約1億5000万年前）

始祖鳥＝アーケオプテリクス（獣脚類）、コンプソグナトゥス（獣脚類）ほか
始祖鳥や翼竜などの繊細な化石が、奇跡的に美しい状態で保存されている世界屈指の化石産地。

ジャドフタ層（モンゴル・ゴビ砂漠）
白亜紀後期（約7500万年前）

プロトケラトプス（角竜類）、ヴェロキラプトル（獣脚類）、ピナコサウルス（曲竜類）ほか
保存状態に優れた良好な恐竜化石を大量に産出する恐竜ハンターのメッカ。

バハリヤ層（エジプト）
白亜紀後期（約1億年前）

スピノサウルス（獣脚類）、カルカロドントサウルス（獣脚類）、パラリティタン（竜脚形類）ほか
マングローブの広がる穏やかな海岸（当時）に適応した独特の生物相を特徴とする。

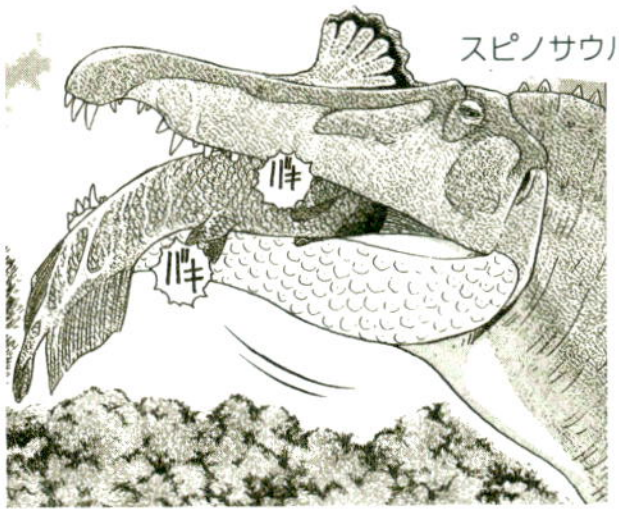

義県層（中国・遼寧省）
白亜紀前期（約1億2500万年前）

シノサウロプテリクス（獣脚類）、プシッタコサウルス（角竜類）、孔子鳥コンフキウソルニス（獣脚類）ほか
1990年代以降、見事な羽毛恐竜化石を立て続けに産出。今最も注目を集める産地のひとつ。

テンダグル層（タンザニア）
ジュラ紀後期（約1億5000万年前）

ギラッファティタン（竜脚形類）、ケントロサウルス（剣竜類）、ケラトサウルス（獣脚類）ほか
アフリカ屈指のジュラ紀の恐竜化石産地。北米のモリソン層と似通った生物相を見せる。

恐竜くん一口メモ ゾルンホーフェン層や義県層など、通常ではありえないような美しい保存状態の化石を産出する地層は「ラーゲルシュテッテン」と呼ばれ、世界的に見ても非常に希少である。

2 恐竜発見マップ ～日本編～

※厚頭竜類と剣竜類の発見はまだない

火山や地震の多い日本では、地層のゆがみや分断がひどく、化石が保存されやすい環境とはいえません。豊かな植生ゆえに地層が露出しにくい点も、化石の探索を難しくしています。

しかし、各地で地道に続けられてきた調査が実を結び、恐竜化石発見の報告は、近年、確実に増えてきています。断片的な化石が多いものの、かつて日本に様々な恐竜が生息していたことは確かです。

正式に命名・発表された恐竜は、本書執筆時点で8種。現在発掘・研究中の有望な標本も、複数控えています。日本の恐竜研究は、今後ますますの発展が期待できるでしょう。

恐竜くん一口メモ 福井・石川・富山・岐阜にまたがる「手取層群」と兵庫県篠山市・丹波市に分布する「篠山層群」は国内有数の恐竜化石産地で、現在も精力的に調査が行われている。

学名	系統	発表年	発見地
ニッポノサウルス *Nipponosaurus*	鳥脚類	1936年	樺太（サハリン）
ワキノサウルス *Wakinosaurus*	獣脚類	1992年	福岡県宮若市
フクイラプトル *Fukuiraptor*	獣脚類	2000年	福井県勝山市
フクイサウルス *Fukuisaurus*	鳥脚類	2003年	福井県勝山市
アルバロフォサウルス *Albalophosaurus*	角竜類？	2009年	石川県白山市
フクイティタン *Fukuititan*	竜脚形類	2010年	福井県勝山市
タンバティタニス *Tambatitanis amicitiae*	竜脚形類	2014年	兵庫県丹波市
コシサウルス *Koshisaurus katsuyama*	鳥脚類	2015年	福井県勝山市

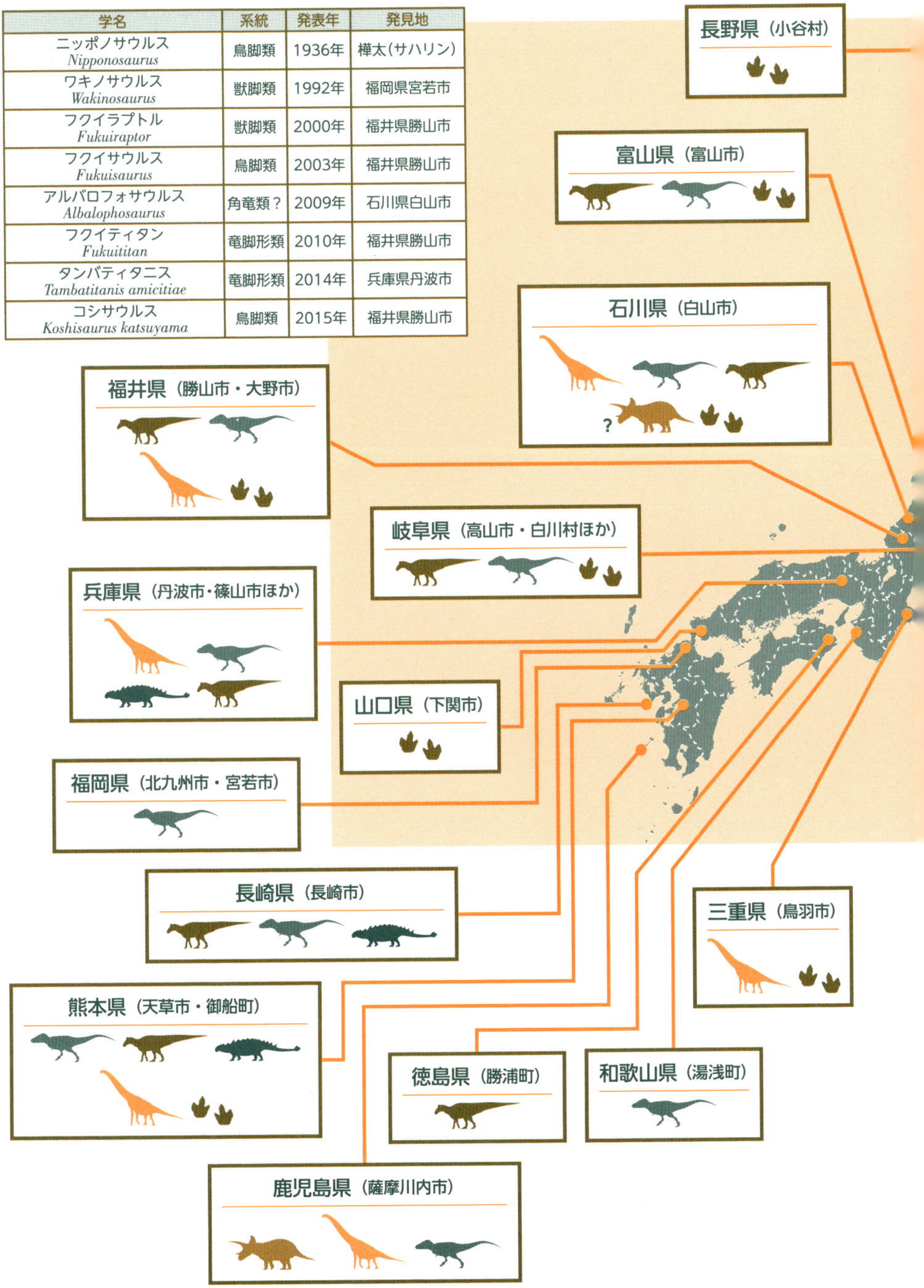

恐竜くん一口メモ 本書執筆中にも、北海道むかわ町穂別にて鳥脚類の骨格が発掘中である。かなり保存状態のよい骨格であり、全身の大部分が残っている可能性が期待されている。

3

恐竜化石のでき方

恐竜化石は奇跡の産物!?

骨・歯・足跡・糞……化石は太古の生物が生きた証

化石とは、遠い過去の生物が残した遺物や痕跡です。長い年月を経て、鉱物に置き換えられ、文字通り「石化」しているものが一般的ですが、氷漬けのマンモスのように石化していない場合も、生物の遺物であれば化石とみなされます。化石は大きく2つの種類に分けられます。

まず、生物の体そのもの（または一部）が化石となったものを**「体化石」**と呼びます。例えば、**動物の骨格や歯**、**アンモナイト**や**三葉虫**、葉や木の幹などの**植物**、琥珀《こはく》に閉じ込められた**昆虫**や、先述の**冷凍マンモス**も含まれます。

一方、生物の活動や生活の跡が化石となったものは**「生痕化石」**と呼ばれます。代表的なものとしては、**動物の足跡や這い跡**、**噛み跡**、**巣穴**、**糞**《ふん》などが挙げられます。

恐竜の化石が残る確率は想像よりはるかに低い！

普通、動物は死後すぐにほかの動物に食い荒らされた上でバクテリアに分解され、最終的には何も残りません。この時点ですでに、**動物の死体が残る確率はかなり低い**といえます。

うまく地中に埋もれた**死体もすべて化石になるわけではなく**、さらに可能性は低下します。運よく化石になっても、一旦地表に露出すれば、**短期間であっという間に風化**してしまいます。逆に、地下深くに埋まったままなら、私たちが発見できる見込みはほとんどないでしょう。

つまり、数千万年以上にわたり地中で保存され続け、なおかつ、絶好のタイミングで地面から顔を出し、運よく風化する前に誰かの目に触れることができて、初めて**恐竜化石の発見**ということになります。私たちが目にする恐竜化石は、ひとつひとつが、**奇跡的な幸運の産物**なのです。

私たちが本格的な恐竜研究を開始してからおよそ２００年。これまで人類が手にしてきた恐竜化石のほぼすべてが、このわずか２００年ほどの間に収集されたものと考えると、実に感慨深いものがあります。

恐竜くん一口メモ 肉食恐竜の「噛み跡」のついた植物食恐竜の「骨」は頻繁に発見されるが、これは植物食恐竜の「体化石」であると同時に、肉食恐竜の「生痕化石」にも分類される。

きれいな化石ができる理想的パターン

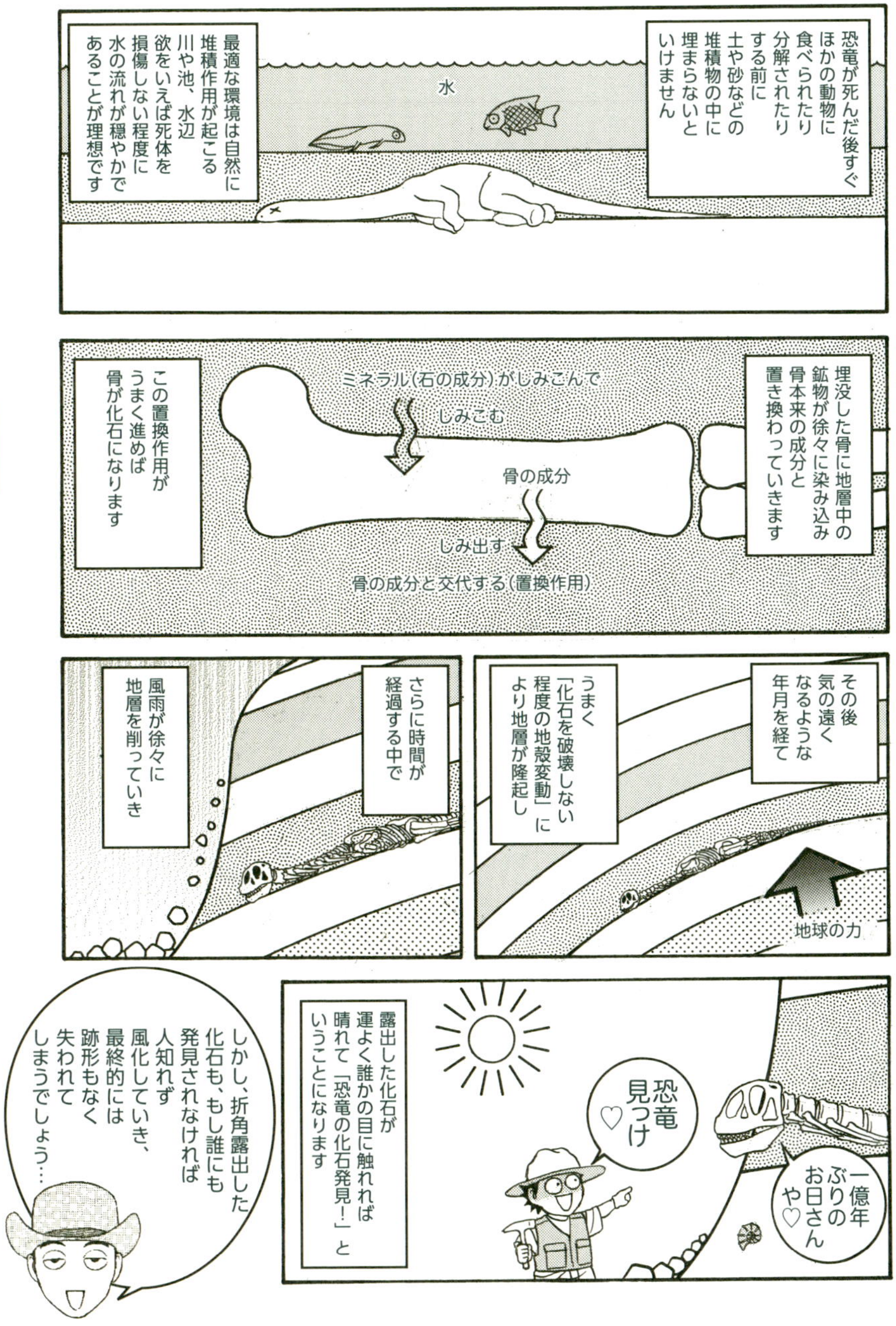

恐竜が死んだ後すぐほかの動物に食べられたり分解されたりする前に土や砂などの堆積物の中に埋まらないといけません
水
最適な環境は自然に堆積作用が起こる川や池、水辺
欲をいえば死体を損傷しない程度に水の流れが穏やかであることが理想です
埋没した骨に地層中の鉱物が徐々に染み込み骨本来の成分と置き換わっていきます
ミネラル（石の成分）がしみこんで
しみこむ
骨の成分
しみ出す
骨の成分と交代する（置換作用）
この置換作用がうまく進めば骨が化石になります
その後気の遠くなるような年月を経て
うまく「化石を破壊しない程度の地殻変動」により地層が隆起し
地球の力
さらに時間が経過する中で
風雨が徐々に地層を削っていき
露出した化石が運よく誰かの目に触れれば晴れて「恐竜の化石発見！」ということになります
一億年ぶりのお日さんや♡
恐竜見つけ♡
しかし、折角露出した化石も、もし誰にも発見されなければ人知れず風化していき、最終的には跡形もなく失われてしまうでしょう…

恐竜くん一口メモ 化石はあらゆる生物の遺物を指す言葉だが、例えば、人の手で埋葬された遺骸や、ミイラや貝塚など、人工的に作られたものは基本的には化石に含まれない。

4

目指せ、恐竜ハンター

恐竜化石の見つけ方と発掘法

恐竜化石を見つけるには どこを探す?

化石の探索に、「便利な必勝法」や「化石探知機」みたいなものは、残念ながら存在しません。どんな熟練の化石ハンターも、基本的には、ひたすら歩き回って探すしかないのです。もちろん、むやみやたらに探せばいいというものでもありません。

恐竜化石を探す際の必須条件を確認しておきましょう。

条件1

狙いが「鳥以外の恐竜」の化石なら、古生代や新生代の地層を掘っても意味がありません。探すべきは、常に**中生代の地層**です。

条件2

恐竜は陸の動物です。当時海だった場所を探しても望みは薄いので、**陸地だった場所**に絞りましょう。

条件3

岩の種類にも注意が必要です。例えば、溶岩でできた地層からは、動物の化石は見つかりません。**川や湖で自然に堆積した地層**が狙い目です。

番外編

他人や国の所有する土地で勝手に化石を掘ると、大問題になる恐れがあります。地質学的な面だけでなく、**法的な問題にも留意**しましょう。

以上をクリアしたら、あとはあなたの勘と根気と運次第! 大発見のチャンスは誰にだってあります。

恐竜化石が見つかりやすいのは、中生代に川や湖で堆積した地層である。

恐竜くん一口メモ 発掘現場では、落石や滑落に加え野生生物にも注意が必要。北米ではガラガラヘビが定番だが、日本の化石産地は山奥が多いため、一番怖いのはクマである。

化石発掘の心得 6ヵ条

1 探検の準備と覚悟は十分か

有名な恐竜化石の産地は、荒れ果てた広野や砂漠などの僻地《へきち》ばかり。様々な道具や装備で荷物も多く、目的地に行くのも一苦労。オフロード車やボート、時には馬に乗って出発だ！

カナダ・アルバータ州 バッドランド

中国・内モンゴル自治区

2 発掘は過酷な肉体労働だ

基本はハンマーやタガネなどを用いた地道な手作業と力仕事。膨大な時間と労力を要する大変な作業の繰り返し。岩があまりにも硬い場合には、電動の工事用機械の出番も。

3 急がば回れ！

化石を見つけても、慌てて掘るのは厳禁！ 化石は壊れやすいので、その場で無理に細部まで掘り出さず、まわりの岩ごと採集する。

カメラで逐一記録する
まわりは削岩機で削る
骨の近くは細いタガネなどを使って丁寧に掘ります

4 スケッチや写真も忘れずに

発掘作業と並行して詳細な記録を取ろう。どのような状態で化石が産出したかの記録は、後の研究の重要な資料となる。

5 梱包は迅速・丁寧・確実に

運搬中の損傷を防ぐため、慎重に化石を梱包する。石膏を染み込ませた包帯や布でグルグル巻きにして固めれば、しっかり化石を保護できる上に、安価で経済的だ。

6 搬出は最後の難関だ！

陸の孤島から石膏でくるんだ岩の塊を運び出すのは容易ではない。ある程度の量や大きさがあるなら、最低でもトラックは必須だ。費用はかかるが、ヘリコプターを使う手もある。

恐竜くん一口メモ 適切な発掘記録のない化石は、科学的な価値が半減してしまう。特に、違法な盗掘による出所不明な化石などは年代の推定さえ怪しくなり、研究上の扱いも難しくなる。

本格的な研究の開始

恐竜研究の基本ステップ

まずは化石を取り出す プレパレーションから

現場から運び出された化石が研究所に到着したら、岩から標本を取り出す**プレパレーション**（クリーニング）（P87参照）が始まります。

化石を壊さないよう細心の注意を払いつつ、接着剤で補強しながら、丁寧に周りの岩を精密ドリルで取り除きます。時に顕微鏡も必要となる、非常に繊細で神経を使う作業です。

岩の硬さや化石の脆さ次第では、かなりの長期作業を覚悟しなければいけません。

両眼で見ることにより標本を立体視できる実体顕微鏡
それを実体顕微鏡で見ながら
「超小型の削岩機」とも言えるエアーチゼルで削り取って骨の表面を出す
針先が振動している

Let's Check

恐竜くんのプレパレーション体験談

化石は、産地によって岩の硬さや特性に違いがあります。私が実際に経験したプレパレーションの一例を紹介します。

●モンゴル・ゴビ砂漠産のプロトケラトプスほか

岩盤が軟らかいので作業は進めやすいのですが、化石も脆いので注意！一番苦労したのは、輸送中に破損してしまった骨の修復作業でした。

●熊本県御所浦産の鳥脚類

とにかく岩盤が硬く、丸一日作業してもなかなか進みません。顕微鏡を覗きながら行う、非常に難しいプレパレーションでした。

恐竜くん一口メモ 決定的な特徴が確認できれば、部分化石からでも系統を絞りやすい。例えば、ティラノサウルス類は前歯に独自の特徴があるため、前歯一本でも判別が可能である。

化石から恐竜の正体を突き止める

次に、発見された化石を基に、**恐竜の種類**を推定します。全身の骨格が揃っていれば理想的ですが、実際に発見される化石の多くは**不完全で部分的なもの**です。頭骨などの特徴的な部位が欠けている場合、その正体を見極めるのは、ぐっと難しくなります。例えば「鳥脚類の一種」などと、大まかな系統までしか特定できないケースもかなり多いのです。

ある程度まで恐竜の系統が絞れたら、近縁と思われる恐竜と比較しながら、より詳しい研究を進めます。

恐竜の研究においては、化石が産出した状況や、一緒に収集されたほかの生物の化石なども、重要な情報源。**発掘時に残したスケッチや記録**を頼りに、その恐竜が埋もれた状況や周囲の環境などを順番に探りながら、ひとつずつ謎を解き明かしていきます。

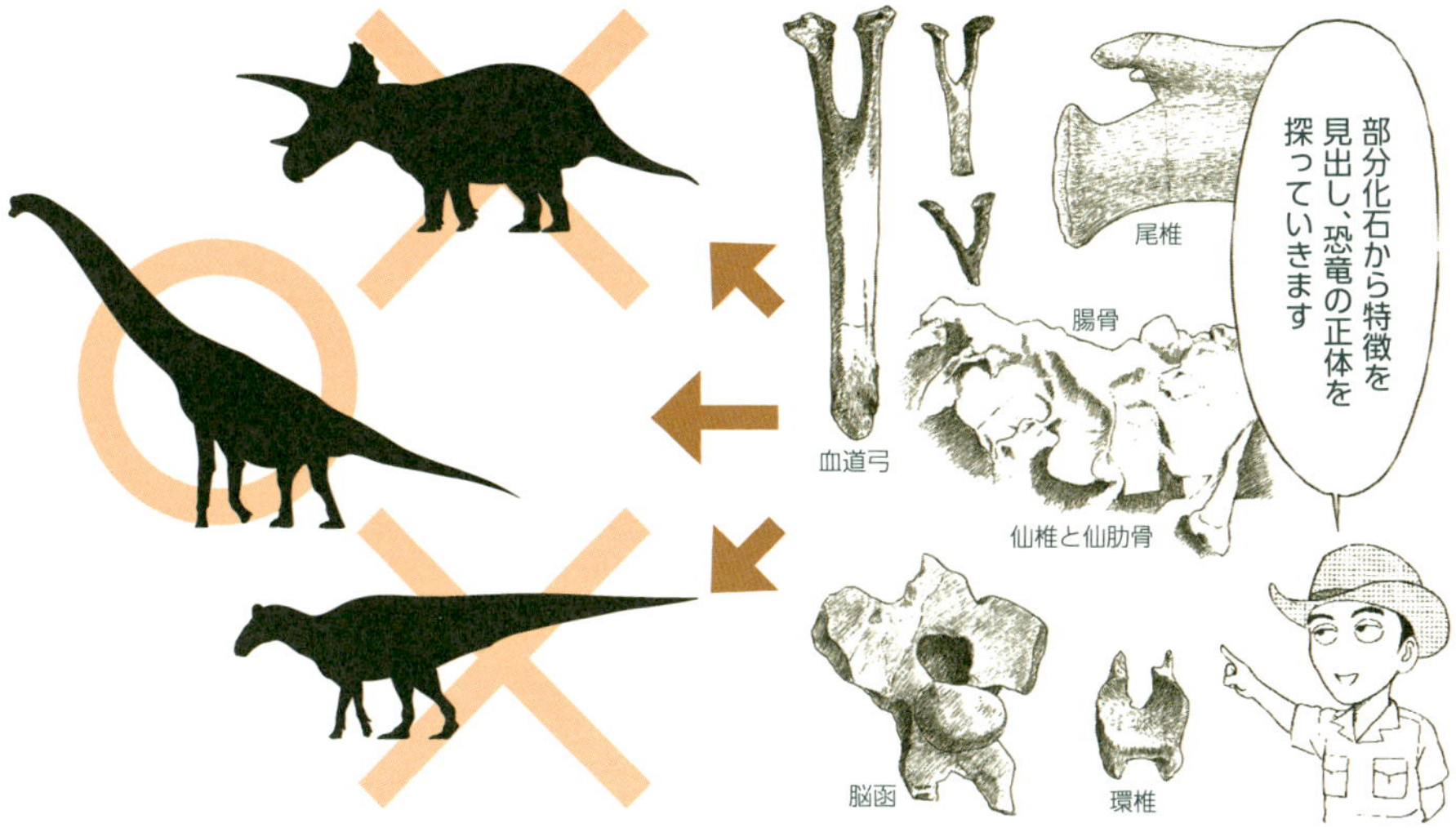

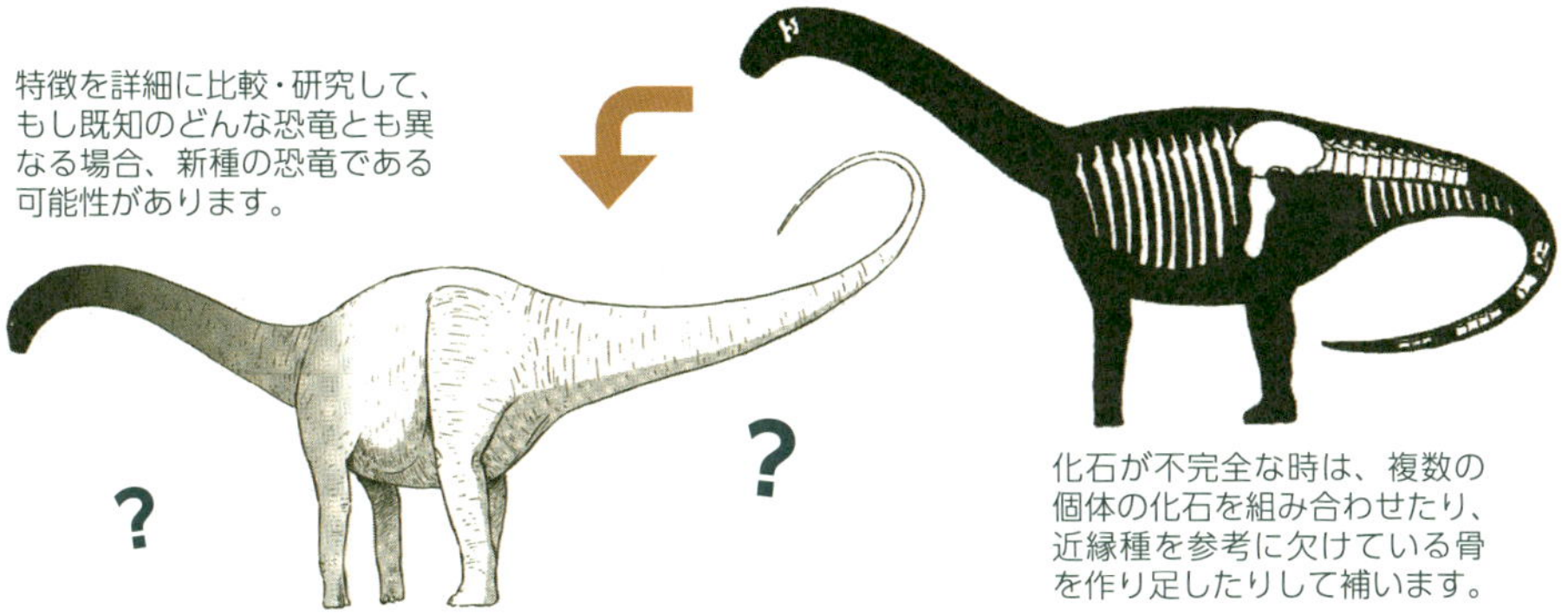

特徴を詳細に比較・研究して、もし既知のどんな恐竜とも異なる場合、新種の恐竜である可能性があります。

化石が不完全な時は、複数の個体の化石を組み合わせたり、近縁種を参考に欠けている骨を作り足したりして補います。

恐竜くん 一口メモ 骨格の組み立てには実物化石でなく複製（レプリカ）が使われることが多い。精度の高いレプリカはもはや実物と見分けがつかないレベルで、研究現場でも活用されている。

6 新種の発表には欠かせない
恐竜の名づけ方を教えます

全世界共通 生物の正式名称「学名」

あらゆる生物には**「学名」**がつけられています。トラを例にすれば、「トラ」や「Tiger」は、各言語圏でのみ通用するローカルネームですが、対する学名の「*Panthera tigris*」は、**全世界共通の正式名称**といえます。

学名は**国際命名規約**に従い、**ラテン語**で**「属名＋種小名」**という形で命名します。「*Panthera*」が属名で「*tigris*」が種小名にあたります。同じ属の中に複数の「種」が存在する場合は、複数の種小名がつけられます。学名は必ず**イタリック（斜体）**または**下線つき**の**アルファベット**で表記します。

和名（日本語）	学名	省略形
 トラ	*Panthera tigris*	*P. tigris*
 ライオン	*Panthera leo* （※トラとは同属別種）	*P. leo*
 ティラノサウルス、ティランノサウルス等	*Tyrannosaurus rex*	*T. rex*

※主要な恐竜の学名については第6章参照

日本ローカルの「和名」には 複数の名称があることも

一方、日本語表記された生物名は**「和名」**と呼ばれます。恐竜の「和名」は基本的に、**学名をローマ字読みしてカタカナ表記したもの**が使われます。微妙な解釈の違いから、上の表のティラノサウルスのように、複数の和名が混在する場合があります。

和名の表記ズレはしばしば議論の対象となりますが、本書では、現時点で最も広く浸透していると思われる表記を採用しました。

また、一般的に、恐竜の和名には「属名」だけが用いられることが多く、論文や専門書以外で「種小名」まで表記することはまれなことです。

恐竜くん一口メモ 国際命名規約は命名の基本原則を定めたものだが、学名の意味や由来に関する制約はほとんどない。原則はラテン語だが、他言語由来の言葉も使用可能である。

意外と自由な恐竜の学名

恐竜の名前には、それぞれ固有の由来や意味が込められています。

大まかな由来	学名	名前の意味
化石や体の特徴	*Triceratops*（トリケラトプス）	３本角の顔
	Iguanodon（イグアノドン）	イグアナの歯
その恐竜のイメージ	*Tyrannosaurus*（ティラノサウルス）	暴君トカゲ
	Velociraptor（ヴェロキラプトル）	素早い略奪者
地名・人名	*Fukuisaurus*（フクイサウルス）	「福井」のトカゲ
	Mantellisaurus（マンテリサウルス）	「マンテル」のトカゲ
神話や創作物	*Garudimimus*（ガルディミムス）	「ガルーダ」もどき
	Gojirasaurus（ゴジラサウルス）	「ゴジラ」トカゲ
他言語由来	*Mei long*（メイ・ロン）	「眠」「龍」の中国語読み
	Dilong（ディロン）	「帝龍」の中国語読み
極めて個人的な感情	*Irritator*（イリテイター）	イライラさせるもの

怪獣映画『ゴジラ』の熱烈なファンであるアメリカの恐竜学者が命名した「ゴジラサウルス」。日本のゴジラへの深い敬意から、英語表記の「Godzilla」ではなく、あくまで日本語発音に忠実な「Gojira（ゴジラ）」という表記を採用。名前に反して、特別巨大な恐竜というわけではない。

恐竜くん一口メモ イリテイター*Irritator*の化石は、違法業者の手で盗掘された上に不自然な加工まで施されていた。恐竜には何の罪もないが、学名には研究者の激しい怒りが込められている。

7

昔見たあの恐竜は今……
恐竜の姿や形がコロコロ変わる?

時代とともに変化していく恐竜像

化石から絶滅した生物の100%正確な姿を知ることはできません。恐竜の場合、頼りになるのは、基本的に**骨格化石**だけです。皮膚や羽毛の跡が発見されることもありますが、肉体の大部分が失われていることに変わりはありません。

どれほど正確な復元を試みたとしても、それはあくまで、限られた情報に基づく一種の「イメージイラスト」であり、**その時点での解釈のひとつ**でしかありません。新たな発見や研究の進展とともに**恐竜の姿形が変化していく**のは、むしろ必然といえるでしょう。

イメージチェンジする恐竜たち

既存の恐竜像が大変身を遂げるのは、主に2パターンがあります。

パターン1 以前からよく知られていた恐竜が、意外な新発見や研究の進展により変身する。

映画『ジュラシック・パーク』で有名なヴェロキラプトル。この恐竜の仲間は最も鳥に近いとされ、前足に「翼」があったことも明らかになった。

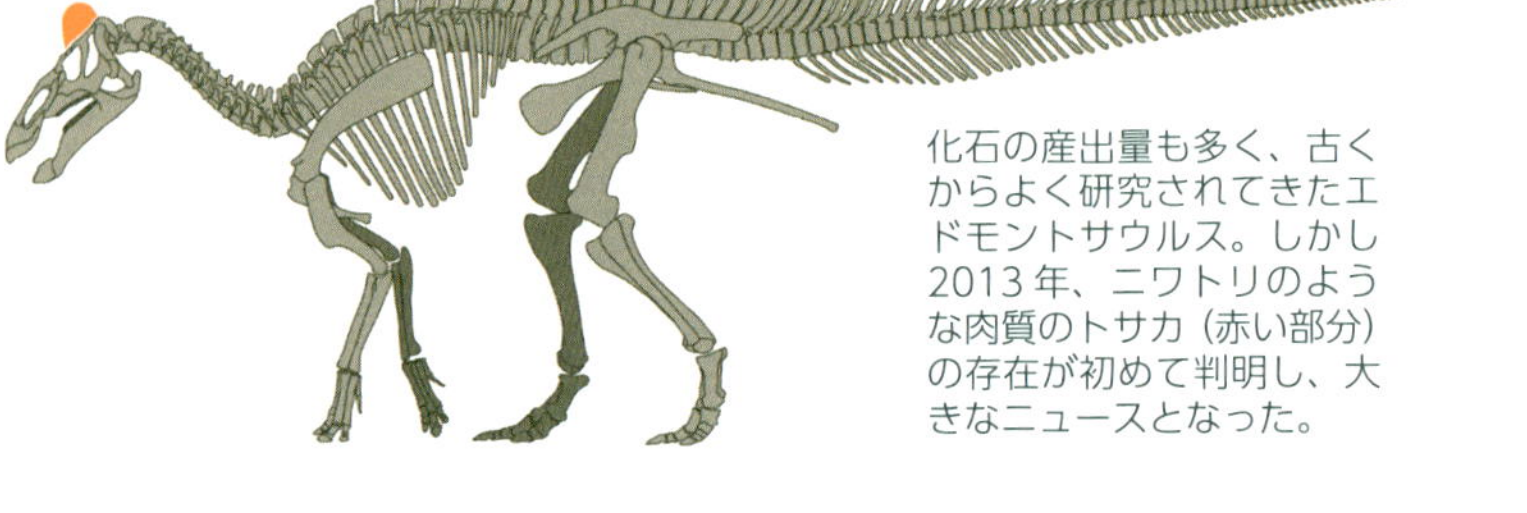

化石の産出量も多く、古くからよく研究されてきたエドモントサウルス。しかし2013年、ニワトリのような肉質のトサカ(赤い部分)の存在が初めて判明し、大きなニュースとなった。

恐竜くん一口メモ 最大の恐竜とされるアルゼンチノサウルス(P114)や、巨大な前足以外はほとんど未発見なテリジノサウルス(P148)など、乏しい情報に基づく曖昧な復元は、有名種にも多い。

極端なイメージチェンジは化石の不完全さゆえ？

恐竜復元をさらに難しくしているのは、大半の化石が不完全な状態で発見されるという点です。一個体分の全身骨格がまとまって発見されることは、滅多にありません。部分化石から全身復元する際は、近い種類の恐竜などを参考に、残りの部分を推測していくことになります。

復元作業は、十分な根拠に基づいて慎重に進めることが前提ではありますが、不完全な情報に基づく推測を重ねれば、当然、復元の信頼性は下がります。特に恐竜は、**体のごく一部しか見つかっていないような状況で無理に全身復元が行われる**ことも、決して少なくありません。

時に恐竜が、衝撃的なイメージチェンジを遂げてしまう背景には、こういった事情があるのです。

パターン2

不完全な化石からの曖昧な復元だったため、後々意外な正体が判明する。

巨大な腕と肩（白い部分）から大型のダチョウ恐竜と推測されたデイノケイルス。2014年に全身骨格が報告され、単なる大型種でなく、高度に特殊化したダチョウ恐竜と判明した。

知名度の高さに反して、長年ごく一部の骨（白い部分）しか見つかっていなかったスピノサウルス。近年の新発見により、今まさに大きく姿を変えつつある恐竜のひとつだ。

恐竜くん一口メモ スピノサウルスの完全骨格は未だに発見されていない。上図の新復元も、複数の断片的な骨格に基づく推測であるため、今後さらに変化する可能性も十分に考えられる。

8

永遠の謎!?

恐竜の体の色はわからない?

恐竜の色は基本的には想像するのみ

化石からは、恐竜の色は絶対にわからない……。それが恐竜研究における長年の常識でした。色素は非常に脆く、分解されやすい構造です。マンモスのように、死体がそのまま冷凍保存されているならいざ知らず、数千万年以上経過した恐竜の化石に色が残されている可能性など、まず考えられませんでした。

図鑑や博物館、テレビや映画などで目にする恐竜のイラストやCG、模型などの色はほぼすべて**作家や制作者の想像**によるものです。本書巻頭（P2～16）にある私が描いたイラストも、例外ではありません。

羽毛に残った色素細胞から恐竜の色が遂に判明した

しかし、2010年、その常識を覆す衝撃的なニュースが発表されました。アメリカ・イェール大学の研究チームが、小型の**羽毛恐竜アンキオルニス**の化石を詳細に調査した結果、なんと、**ほぼ全身の色が判明したた**というのです。

カギとなったのは、アンキオルニスの全身を覆う羽毛部分に残された**「メラノソーム」**と呼ばれる色素細胞でした。その形状や大きさ、配置などを細かく調べ上げ、現生鳥類の様々な羽毛と比較することで、遂に、不可能といわれていた**恐竜化石からの体色復元**に成功したのです。

一足先に、**シノサウロプテリクス**の化石でも体の一部の色が解析できたという報告はありましたが、ここまで詳細に全身の色を再現したケースはほかに例がなく、世界初の快挙といってよいでしょう。

とはいえ、これはあくまで異例中の異例。これまでに発見された膨大な恐竜化石の中でも、色が解析できたものはほんの数点です。その範囲も羽毛恐竜の羽毛部分だけに限定されており、しかも、奇跡的に保存状態のよい化石の中のごく一部の標本のみ、というのが現状です。

結局のところ、わずかな例外こそあれ、現状ではやはり**絶滅した生きものの色はほとんどわからない**と考えてよいでしょう。

恐竜くん一口メモ　シノサウロプテリクスの羽毛跡は「誤認」の可能性も指摘されていたが、鳥の羽毛と同じメラノソームが発見されたことで間違いなく羽毛であることが証明された。

色が判明した恐竜

下記の羽毛恐竜は、体色がある程度判明しています。

アンキオルニス
Anchiornis huxleyi

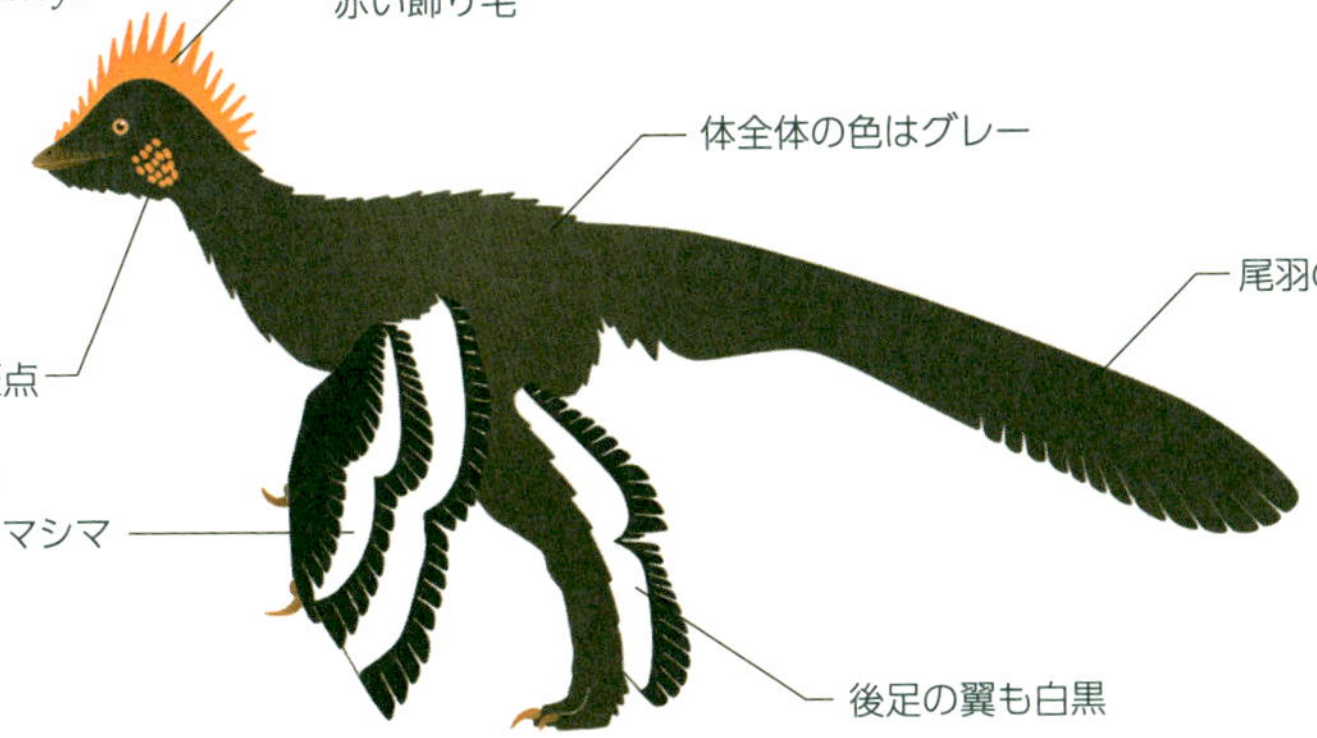
頭にモヒカン状の
赤い飾り毛
尾羽の色は不明
頬に赤い斑点
前足の翼は
白と黒のシマシマ

ミクロラプトル
Microraptor zhaoianus

シノサウロプテリクス
Sinosauropteryx prima

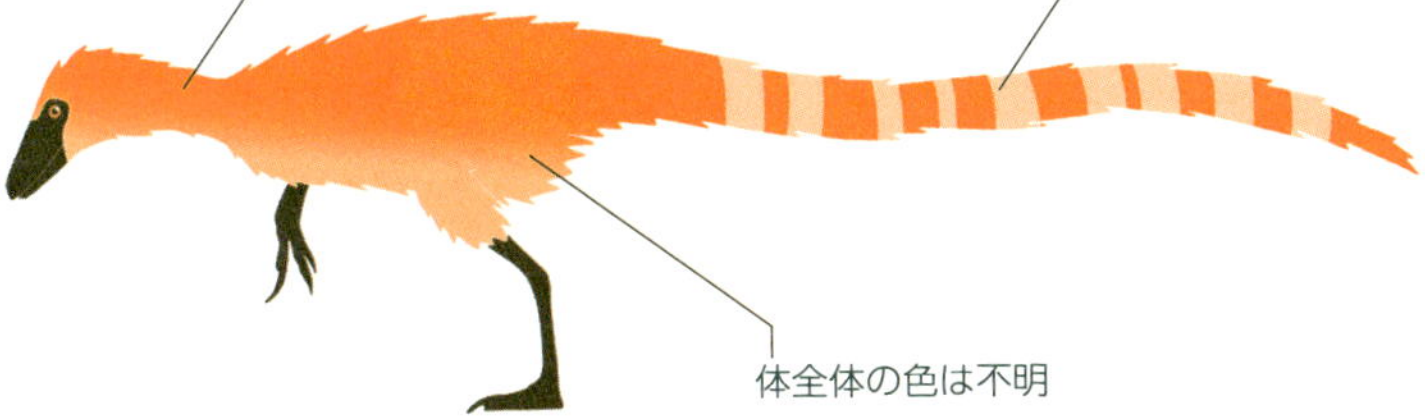
首筋から背中にかけて
赤茶または橙色
尾は赤系の色と
白っぽい色のシマシマ

恐竜くん一口メモ　厳密な色彩は不明だが、鳥脚類サウロロフスの皮膚跡から大まかな模様が解析されている。２種いるサウロロフスの内、片方は縞模様でもう片方はまだら模様であった。

9

映画の世界が現実に？
DNAによる恐竜復活は可能か!?

ジュラシック・パークは実現できるのか

「琥珀中の蚊から恐竜の血液を採取し、復元したDNAを基に恐竜のクローンを作り出す」という衝撃的なストーリーで、小説・映画ともに大ヒットした『ジュラシック・パーク』。原作が出版された1990年からもう25年。そろそろ、現実がフィクションに追いつく頃では……という期待もあるかもしれません。

確かに、当時と比べて遺伝子工学の技術や知見は、驚くべき発展を遂げました。様々な生物のクローニングに成功し、遺伝子の解析も着々と進んでいます。それでもなお**恐竜クローンの実現は限りなく不可能に近い**といわざるを得ません。

DNAは時間の経過とともに、一定の割合で確実に劣化します。数千万年前の恐竜のDNAが復元可能な状態で残っているとは考えられません。もし完全なDNAがあったとしても、絶滅生物のクローニング難易度は現存する生物の場合とは、比較になりません。**理論的にも技術的にも、実現性は極めて低い**のです。

進化発生生物学で鳥の進化をさかのぼる

では、遺伝子工学で恐竜を生み出すことは不可能なのでしょうか？ 実は、DNAによるクローニングとは全く異なるアプローチが提唱され、

恐竜くん一口メモ 小説『ジュラシック・パーク』の発売はクローン羊ドリーの発表（1997年）や人間の遺伝情報解析（2003年）より前の1990年。原作者マイケル・クライトンの先見性は驚異的である。

大きな注目を集めています。カギとなるポイントは2つあります。まずは**鳥が恐竜（の生き残り）であるという事実**。もうひとつは、近年急速に発展してきた**「進化発生生物学」**、通称**「エボデボ」**です。

エボデボは、進化のメカニズムを分子レベルで解明する、生物学の新分野です。進化は、祖先から受け継いだDNAが少しずつ変異しながら進み、それまでの遺伝子が完全に消えたり、ゼロから新しく作られたりするわけではありません。

脈々と受け継がれてきた個々の遺伝子のスイッチが切り替わる、その膨大な連鎖によって複雑な形態が生み出され、多様な生物がかたちづくられてきました。

恐竜の生き残りである鳥の遺伝子には、**鳥に進化する前の恐竜の情報**が色濃く残されています。鳥に進化する過程で起きた「前足に翼ができる」「尾が短くなる」「歯がなくなる」といった様々な変異は、どの遺伝子が、どのように作用した結果なのか。その解析が進めば、**鳥の進化を巻き戻す**ことは、十分に可能であるというのです。遠い過去のDNAを使って恐竜をよみがえらせるよりも、**鳥のDNAから進化をさかのぼって恐竜を再生する**方が、理論的にも技術的にも、はるかに実現性は高いといえそうです。

現在、ニワトリの遺伝子で実際に研究が進められています。恐竜の再生はともかく、鳥の遺伝子から恐竜の進化を探る試みは、恐竜の研究において非常に意義の大きいことだといえます。

恐竜くん一口メモ　エボデボはEvolutionary Developmental Biologyの略称で、生物の個体発生（ひとつの細胞から成体に至る過程）と系統発生（進化の過程）における遺伝子の作用を研究・解明することを目的としている。

もっと恐竜を理解するために④

恐竜繁栄と鳥類誕生のカギを握る「気嚢」

息を吸って肺に新鮮な空気を取り込み、息を吐いて古い空気を出す——私たち哺乳類にとってはごく当たり前の**往復式の呼吸法**。しかし、この方式では**息を吸った時にしか肺に空気を取り込めず**、あまり効率的とはいえません。「それって当然じゃないの？」と思うかもしれませんが、鳥類の呼吸は全く違います。鳥類は肺の前後に**気嚢**《きのう》という構造があり、呼吸を補助しています。

①息を吸う：「新鮮な空気」が**肺**と**後気嚢**に流れ込む。同時に、肺の中の「古い空気」を**前気嚢**が吸い出す
②息を吐く：前気嚢の中の「古い空気」が排出される間に、後気嚢の中の「新鮮な空気」が肺に流れ込む

[鳥類の気嚢]

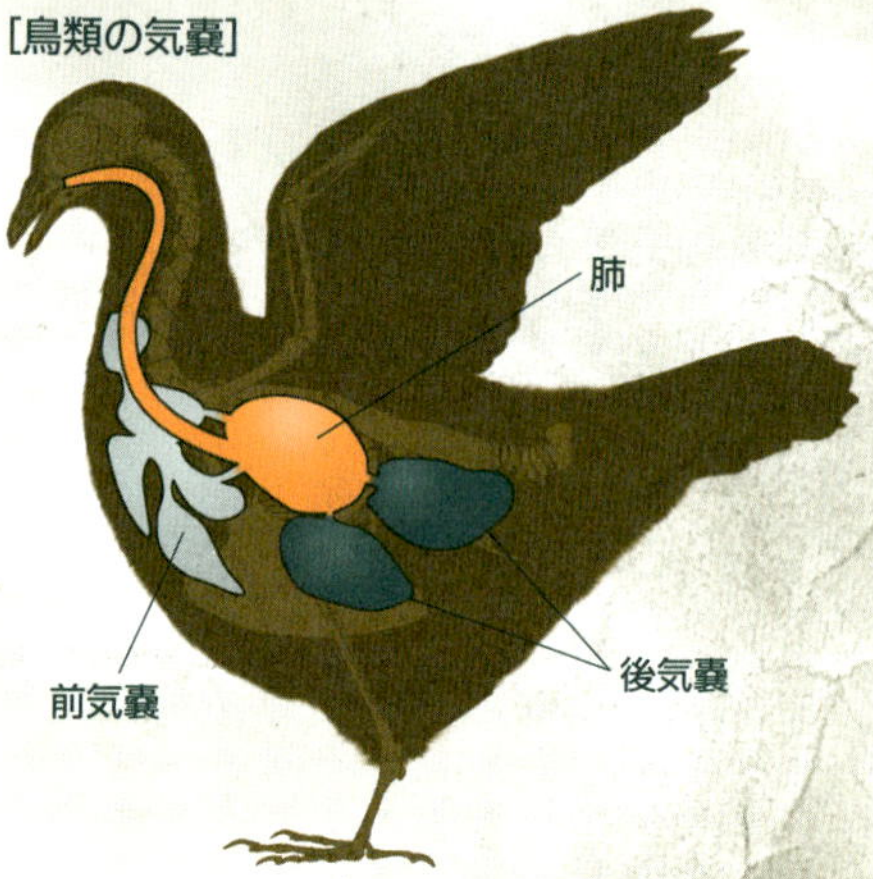

つまり鳥は、息を吸った時だけでなく、**吐いている間も常に肺に新鮮な空気が流れ込み続ける**という、哺乳類とは別次元の**超高効率の呼吸システム**を確立しているのです。例えば、私たちは、高山などの低酸素環境ではすぐに酸欠状態に陥り、短時間で死に至ります。一方、気嚢システムを持つ鳥類は、エベレストの山頂よりもはるかに高空を（しかも「羽ばたき飛行」という激しい運動を長時間持続しながら！）平然と飛んでいくことさえ可能です。

現在では、恐竜（少なくとも獣脚類と竜脚形類）にも気嚢があったことが、ほぼ確実視されています。恐竜が誕生した三畳紀はかなりの**低酸素環境**だったとされ、気嚢の発達と恐竜の台頭には、大きな関連があったものと考えられます。さらには、**竜脚形類の巨大化**（P116）や**獣脚類の優れた運動性**（P136）、ひいては**鳥類の誕生**（P34）まで、気嚢は、恐竜の進化と繁栄をひも解く重要なカギといえそうです。

第5章

恐竜の謎と不思議

～素朴な疑問から最新の成果まで～

まだまだ謎の多い恐竜の世界。しかし、新たな発見が次々に報告され、地道な研究を積み重ねることで、少しずつ解明が進んでいます。恐竜は何種類くらいいたの？　一番大きな恐竜は？　恐竜はオナラをしたの？　誰もが気になる身近な話題から最新の研究結果まで、恐竜に関する様々な疑問に答えます！

Q 恐竜は全部で何種類くらいいたの？

A 残念ながら、正確な数字はわかりません。

●そもそも計算は可能なのか

既存の化石資料を基に統計学的に試算されたこともありますが、あまりにも不確定要素が多過ぎるため、いずれも信頼できる数字とはいえません。化石の産出は極めて不規則なもので、そもそも、統計学的なアプローチには向いていないのです。

本書では、現時点で得られる情報を基に、おおよそをイメージしてみたいと思います。なお、「鳥類」を含めると話が複雑になり過ぎてしまうため、ここでは、あくまで**中生代に生息した鳥以外の恐竜**に限定して話を進めます。

●これまでに発見された恐竜

まずは、シンプルに「現時点で発見されている恐竜は何種類くらいか？」というところから始めましょう。研究者によって多少見解が異なる部分もありますが、これまで正式に発表された恐竜は**約1000種**とされています。ただし、ここ20年ほどは**1年間に約20～50種の新種恐竜**が発表されるという状態が続いているため、この数字は、今本書を執筆している間にも**猛スピードで増え続けている**という点にご注意ください。今後もこの発見ペースが続くとしたら、**数十年以内に2000種に達する**のは間違いありません。

では、この1000～2000種という数字は、果たして多いのでしょうか、少ないのでしょうか？

●今生きている動物と比べてみる

現生の陸上脊椎動物で見てみます。

・両生類　約7000種
・哺乳類　約5400種
・爬虫類（鳥類を除く）　約1万種
・鳥類　約1万種

となっています。もちろん、様々な条件が異なるので安易な比較はできませんが、それでも、恐竜の生き残りである**「鳥類」だけで約1万種**

恐竜くん一口メモ　よく似た恐竜が本当に「同じ恐竜」なのか、近縁だが「別の恐竜」なのかは判断が難しい。恐竜の種の数について研究者によって見解が異なるのはそのためである。

も存在する、という点に注目してください。しかも、これらはあくまで「この地球上に今現在生息している種の数」です。それを考えると、1億6000万年以上もの間、世界中で繁栄していた「恐竜類」が、わずか1000種や2000種というのは、あまりにも少な過ぎます。

●既知の恐竜はまだ一部？

具体的な根拠のある数字ではありませんが、仮に**数万種、あるいはそれ以上の恐竜が存在していたとしても、全く不思議はない**でしょう。これまでに私たちが発見してきた恐竜は、まだまだ恐竜類全体のほんの一部でしかないのかもしれません。

※ここでの見解は、あくまで推定の積み重ねであるという点にご注意ください。

恐竜くん一口メモ　恐竜の種の数は様々で、例えばティラノサウルスは1属1種、プシッタコサウルスは1属9種。トリケラトプスは過去に15種も発表されたが、現在有効なのは2種だけである。

Q ウワサの「羽毛恐竜」ってどんな恐竜？

A そのままズバリ「体に羽毛の生えた恐竜」のことです。

●早くから「予測」されていた羽毛恐竜の存在

通常「羽毛恐竜」という場合には、「鳥類」は含まず、あくまで**鳥以外の恐竜の中で羽毛の存在が確認された恐竜**の総称として使われます。

仮想上の羽毛恐竜の登場は意外と早く、1970年代からの急速な研究発展を受け、一部の研究者や画家が、すでに「羽毛を生やした恐竜」のイラストを描き始めていました。物証こそなかったものの、「鳥が恐竜から進化した」という前提に立てば、**羽毛を持った恐竜の存在はむしろ必然であった**からです。

●中国・遼寧省で発見された世界初の羽毛恐竜化石

実際に羽毛恐竜の存在が証明されたのは、1996年、**世界初の羽毛恐竜「シノサウロプテリクス」**が発表された時でした（P86）。

シノサウロプテリクスは全長1mほどの小型獣脚類で、**中国遼寧省**で発見されました。

理論的に予測されていたとはいえ、それでも**羽毛恐竜の発見は衝撃的**でした。発表当初は、何らかの誤認や化石の捏造《ねつぞう》を疑う声まで飛び出したほどです（化石の捏造についてはP142を参照）。

最初に報告された
羽毛恐竜シノサウロプテリクス

恐竜くん一口メモ　「羽毛恐竜」は一種の通称・総称であり、正式な分類名ではない。羽毛の存在が確認された恐竜は、実際の系統関係にかかわらず便宜的に「羽毛恐竜」と呼ばれる。

●羽毛恐竜の発見ラッシュ！

しかし、その後も遼寧省では続々と羽毛恐竜の化石が発見され、入念な検証を経て、羽毛が誤認でも捏造でもないことが明らかとなりました。世界各地からの発見報告も相次ぎ、2015年6月現在ですでに**30を超える羽毛恐竜**が確認されています。

当初、遼寧省で発見された羽毛恐竜の多くは**鳥類に近い小型の獣脚類ばかり**で、これはある意味「想定の範囲内」でした。しかし近年は、**比較的大型の獣脚類**や**原始的な獣脚類**にも羽毛を確認。さらには、鳥類とは遠縁なはずの**鳥盤類**にまで羽毛状の構造が発見されるなど、予想を上回る報告が相次いでいます。

羽毛の起源は、一体どこまでさかのぼれるのか？　どれくらい広く恐竜に「普及」していたのか？　今最も関心を集めるテーマのひとつといってよいでしょう。

●そもそも「羽毛」とは何か？

「羽毛」は私たち哺乳類の「体毛」とは異なるもので、現生の生きものの中では**鳥類だけが持っている、非常に複雑で特殊な外皮構造**です。すべての鳥類が例外なく羽毛を持っていることから、長年「羽毛を持つ生きもの＝鳥類」と定義されていたほどです。しかし、羽毛恐竜の発見によって、**羽毛は鳥と恐竜だけが共通して持つ特有の構造**ということになり、**「鳥＝恐竜」説を裏付ける、最も強力な物証のひとつ**となりました。

角竜類プシッタコサウルスの尾にあるモヒカン状の構造は、羽毛と同じものか否かで見解が分かれている

Let's Check

ヴェロキラプトルの前足は「翼」になっていた

いろいろな羽毛恐竜の証拠

羽毛恐竜の物証は、なにも「羽毛跡が残る骨格化石」だけではありません。次のような例も報告されています。

①ヴェロキラプトルなど、幾つかの恐竜の腕の骨（尺骨）に、鳥に見られる**翼《よく》羽《う》乳頭《にゅうとう》**を確認。**前足が「翼状」になっていた**ことが判明した。

②ジュラ紀前期の地層で発見された、珍しい恐竜の**座り跡**から、腹部や脚の一部を覆う羽毛の跡が確認された。

③恐竜のものと思われる「羽」が、そのまま丸ごと**琥珀の中に閉じ込められた状態**で発見された。

恐竜くん一口メモ　翼羽乳頭は鳥の尺骨に見られる小さな突起で、羽の「軸」が一本一本しっかりと付着する部分である。翼羽乳頭の存在は前足が翼状になっていたことを示している。

Q 一番大きい恐竜と一番小さい恐竜は？

A 上は数十tから下は2gまでかなり幅があります。

●最大の恐竜

巨大恐竜ランキングの上位を独占しているのは**「竜脚形類」**の仲間です。現時点で確実な全身骨格が存在する竜脚形類に限定すれば、体重ならアフリカの**ギラッファティタン**、全長なら北米の**ディプロドクス**辺りが、最大級の恐竜でしょう。前者は**全長25m以上で体重30～40t**、後者は**全長30m以上で体重20～25t**に達したと考えられます。

「最大の恐竜候補」として、アルゼンチノサウルスやサウロポセイドン、スーパーサウルスといった名前がよく挙げられます。確かに、彼らの骨が極端に大きいことは事実ですが、残念ながら、いずれの恐竜も見つかっている化石が断片的で、正確なサイズや体型がわかりません。

今のところは、無理に全長や体重の推定をするよりも、**ギラッファティタンやディプロドクスよりもさらに大きい恐竜が存在した**というくらいに考えておくのが無難でしょう。

●大きさには限界がある

しばしば、「アルゼンチノサウルスは推定体重100t！」などといわれることがありますが、陸上動物としては少々無理のある数値です。

そもそも、竜脚形類は全身がかなり軽量化されており（P40参照）、これまで考えられてきたほど重くはなかったようです。おそらく、恐竜の最大サイズは全長40m、体重60t程度が限界と思われます。さらりと書きましたが、これは現生最大の陸上動物であるアフリカゾウの平均サイズのおよそ10倍！　なんとも驚異的な生きものが実在したものです。

●最小の恐竜

鳥に近い羽毛恐竜（獣脚類）の仲間には、かなり小さいものが存在しました。**エピデクシプテリクス**や**ア**

恐竜くん一口メモ スーパーサウルスは最大の恐竜候補の中では比較的まとまった化石が見つかっている。まだ研究途中の不確かな数値だが、全長34m・体重30t以上と推定されている。

ンキオルニスといった恐竜は、いずれも**全長30㎝前後、体重は数百g程度**と推定され、鳥以外の既知の恐竜の中では最小クラスです。

ただ、小動物の骨格は繊細で、化石に残りにくいものです。未発見の恐竜の中に、さらなる小型種が存在した可能性は十分考えられます。

●現代の恐竜を含めると

厳密な意味での恐竜、つまり現在の鳥類にまで範囲を広げると、最小は何といっても**ハチドリの仲間**です。キューバに生息するマメハチドリ（*Mellisuga helenae*）は、最大でも全長6㎝、体重2gしかありません。

面白いのは、2gのハチドリも数十tの超巨大竜脚形類も、同じ「竜盤類」の仲間だということです。「体の大きさ」という点において、竜盤類は実に幅の広いグループといえるでしょう。

最大の恐竜たち

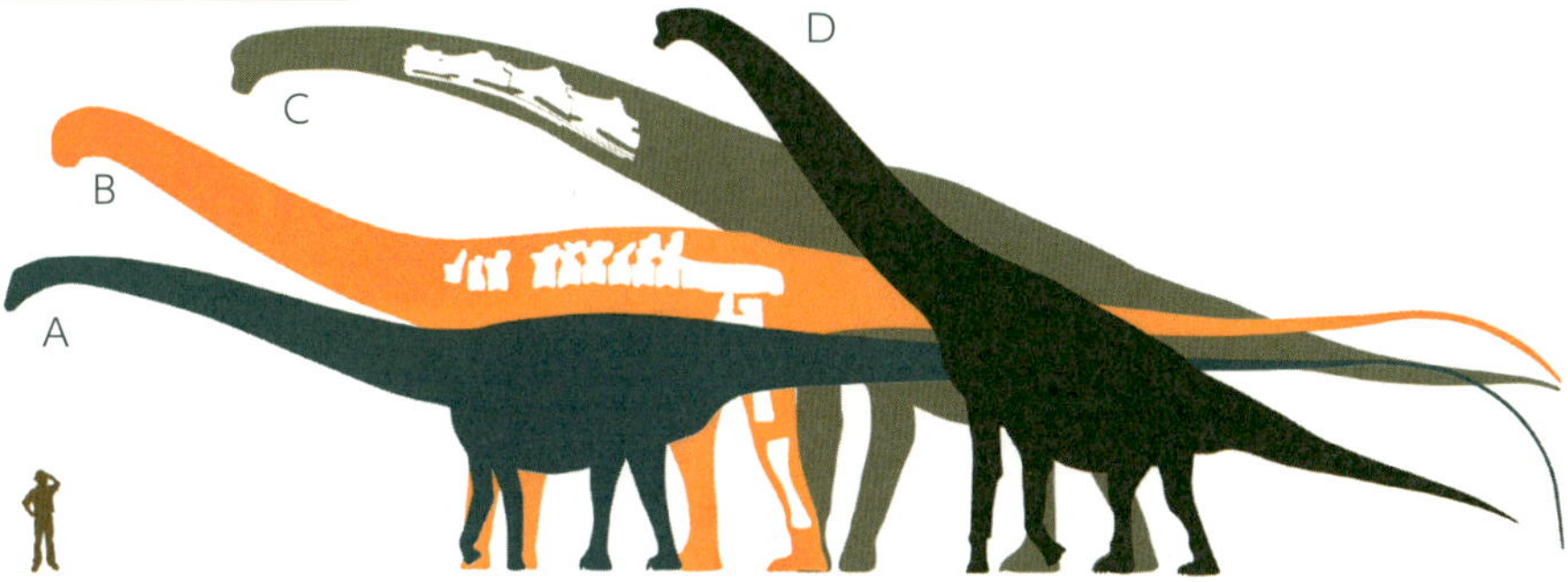

まとまった全身骨格が存在する中で最大のディプロドクス（A）とギラッファティタン（D）。奥は、ごく一部の骨（白い部分）から想像したアルゼンチノサウルス（B）とサウロポセイドン（C）。身長約180cmのヒトとの比較。

最小の恐竜たち

既知の「鳥以外の恐竜」で最小クラスのアンキオルニス（E）とエピデクシプテリクス（F）。ヒトの指先にとまっているのは最小の鳥マメハチドリ（G）。

恐竜くん一口メモ かつて世界最大の恐竜として知られたセイスモサウルスは、その後の研究で種の独自性に疑問が生じ、抹消された。現在はディプロドクスの大型個体（上図A）とされている。

Q 恐竜はどうしてあんなに大きくなれたの？

A 恐竜ならではの体の構造や機能に秘密があるようです。

竜脚形類の巨大化　7つのカギ

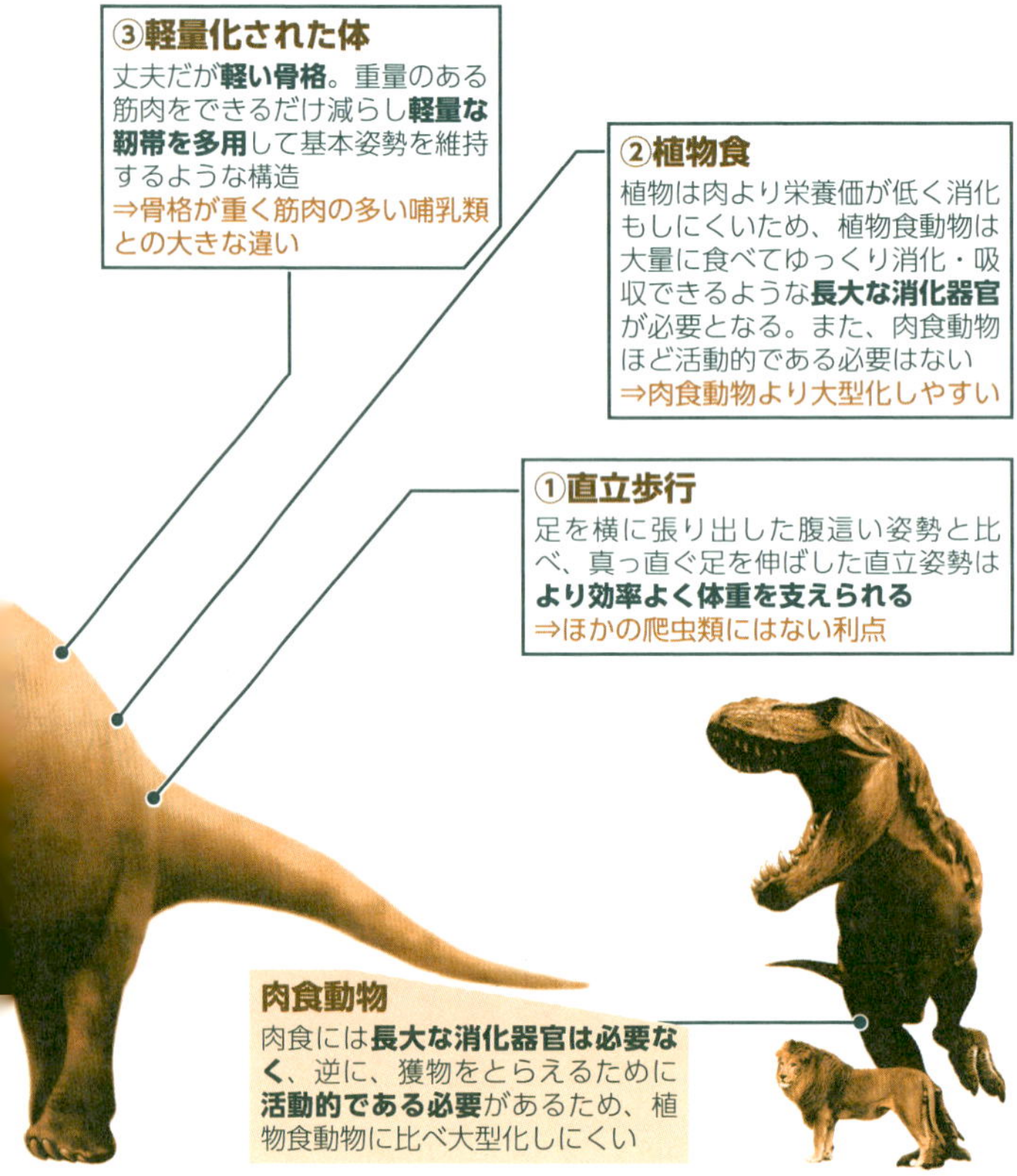

③軽量化された体
丈夫だが**軽い骨格**。重量のある筋肉をできるだけ減らし**軽量な靭帯を多用**して基本姿勢を維持するような構造
⇒骨格が重く筋肉の多い哺乳類との大きな違い
②植物食
植物は肉より栄養価が低く消化もしにくいため、植物食動物は大量に食べてゆっくり消化・吸収できるような**長大な消化器官**が必要となる。また、肉食動物ほど活動的である必要はない
⇒肉食動物より大型化しやすい
①直立歩行
足を横に張り出した腹這い姿勢と比べ、真っ直ぐ足を伸ばした直立姿勢は**より効率よく体重を支えられる**
⇒ほかの爬虫類にはない利点
肉食動物
肉食には**長大な消化器官は必要なく**、逆に、獲物をとらえるために**活動的である必要**があるため、植物食動物に比べ大型化しにくい

●地球史上最大の陸上動物

巨大なイメージの強い恐竜。とりわけ**竜脚形類**の大きさは全地球史を通して見ても群を抜いており、間違いなく**地球史上最大の陸上動物**といえます。現代の地球にはクジラという巨大生物が存在しますが、あくまで海に住む動物です。浮力の働く海中と陸上を同じ次元では語れません。事実、現生最大の陸上動物は、クジラよりはるかに小さい体重数tのアフリカゾウ止まりです。

対する竜脚形類は、巨大なものは全長30m以上、体重数十tに達します。完全な陸上動物でありながらク

恐竜くん一口メモ　進化した鳥盤類や哺乳類は特殊化したアゴでしっかりと嚙み砕く「咀嚼《そしゃく》」ができる。消化効率は飛躍的に上がるが、咀嚼のための筋肉が発達し、頭部が大きくなってしまう。

⑥小さな頭と未発達なアゴ
頭が軽く、脳も小さい（＝必要な血液が少ない）ため**首を長くしやすい**。アゴや歯は原始的なため**消化器官のさらなる発達**が必要となり、一層大型化を促したと推測される
⇒多くの鳥盤類や哺乳類との大きな違い
④長い首
巨体になるほど動きが鈍り、活動は制限される。あまり動かずに**広範囲の植物を摂取できる長い首**は有利
⇒大型竜脚形類の首はほかのどんな陸上動物よりもはるかに長い
⑤高い基礎代謝
成長が遅いと成熟前の「体が小さくて脆弱な時期」が長くなり、途中で命を落とすリスクが高まる。**急速な成長**は大型化の必須条件といえる
⇒代謝の低い爬虫類にはない利点
⑦気嚢システム（P108）
呼吸の効率化や放熱効果など、巨大化に不可欠な様々な条件を満たす
⇒ほぼ竜盤類（鳥を含む獣脚類＋竜脚形類）のみに特有の利点
鳥盤類
直立・軽量化・高代謝など恐竜の基本的特徴は竜脚形類と共有するが、おそらく**気嚢はなかった**。進化した鳥盤類は頭部が重く大きくなる傾向があり、これも大型化には向かない
植物食の哺乳類
直立・高代謝だが、骨格が重く筋肉も多い**重量級の体**や**大きな脳と頭**は大型化に不利。気嚢システムに比べ**呼吸器官も原始的**で、首の長さもキリン程度が限界とされる
植物食の爬虫類
腹這いの姿勢や低い代謝など、全体的に大型化には不向き

Close up

巨大化の決定的なカギは「気嚢」にあった？

竜脚形類の大型化において、鳥類と同じ気嚢システムを持っていたことによる恩恵は計り知れません。**洗練された呼吸**は巨体の維持に必要不可欠な上、次のような利点もあったと考えられます。

①骨の空洞部分が気嚢という名の空気袋で満たされるため、**さらなる軽量化**につながる。

②本来、長い首は安定した呼吸を阻害するが、気嚢が呼吸を効率化することで**一層の首の伸長を可能**にする。

③気嚢には体温を下げる効果もあるため、「体内に熱がこもりやすい」という**巨体ゆえのオーバーヒート問題も解決**できる。

ジラに匹敵するサイズに達した竜脚形類は、全生命進化史におけるひとつの究極といえるでしょう。

恐竜くん 一口メモ 鳥類は飛行時の激しい運動で発生する熱を気嚢によって解消している。呼吸のたびに体中に分散した気嚢の中を空気が通ることで、体内の熱を効率よく発散できる。

Q 恐竜の寿命や成長速度はどのくらい？

A 成長は速く、寿命は意外と短かったようです。

●恐竜の年齢を調べる方法

いうまでもなく、鳥以外の恐竜の寿命や成長を直接観察する手段はありません。そのため、従来は現生動物と比較しての推定が限界でした。200年以上生きるとされるゾウガメを筆頭に、現生の大型爬虫類は「成長はゆっくりだが、寿命が長く、死ぬまで成長し続ける」というものが多いため、漠然と、巨大な恐竜もおそらく同様と考えられてきました。

一方で、**恐竜の骨の断面には木の「年輪」のようなものが存在し、理論的には、そこから年齢や成長速度を割り出すことが可能である**、と以前から指摘されていました。そして近年、研究手法の大幅な発展により、骨の断面を詳細に観察・分析することができるようになったのです。

●骨から探る成長と寿命

大抵の骨は、所々に空洞部分があるため、断面が滑らかな状態ではなく、本来存在するはずの年輪を正しく読み取ることができません。そこで、肋骨や腓骨などの密度が高くて空洞の少ない細めの骨が研究に使われます。これまでに、複数の恐竜において骨断面の分析が進められました。

結果は、従来の予想を大きく裏切るものでした！

恐竜の寿命は意外と短く、その代わり、現生の爬虫類と比べて**代謝が高く**、哺乳類や鳥類に匹敵するほどであり、特に**大型の恐竜は短期間にすさまじいスピードで成長する**ということが、わかったのです。

成長に関する研究自体が比較的新しい試みなので、具体的な寿命などは、まだまだ検証する必要があります。ただ、恐竜全般に**「成長期に急激に成長して一定年齢で成熟する」**という傾向があることは、確かなようです。典型的な爬虫類とは明らかに異なる**鳥型の成長パターン**であり、非常に興味深い結果といえます。

恐竜くん一口メモ 通常は大型動物ほど寿命が長い傾向があるが、竜脚形類は猛烈な速度で成長し15歳前後で成熟、寿命は約25年という研究がある。かなり意外な結果といえる。

ティラノサウルスの成長と寿命

ここでは、最もよく研究されているティラノサウルスの例を紹介します。異なる成長段階のティラノサウルスの標本を詳細に解析したところ、以下の結果が得られました。

分析結果

- 研究された中で最大・最高齢の個体は 28 歳。寿命は約 30 年と推定された。
- 成長期は 10 代。特に 14 ～ 18 歳にかけての成長スピードはすさまじい。
- ピーク時には、最大で 1 年間に 767kg も体重が増加する。
- 18 歳以降は成長率が急激に下がり、20 歳前後でほぼ成長が止まる。

ティラノサウルスの仲間の成長グラフ

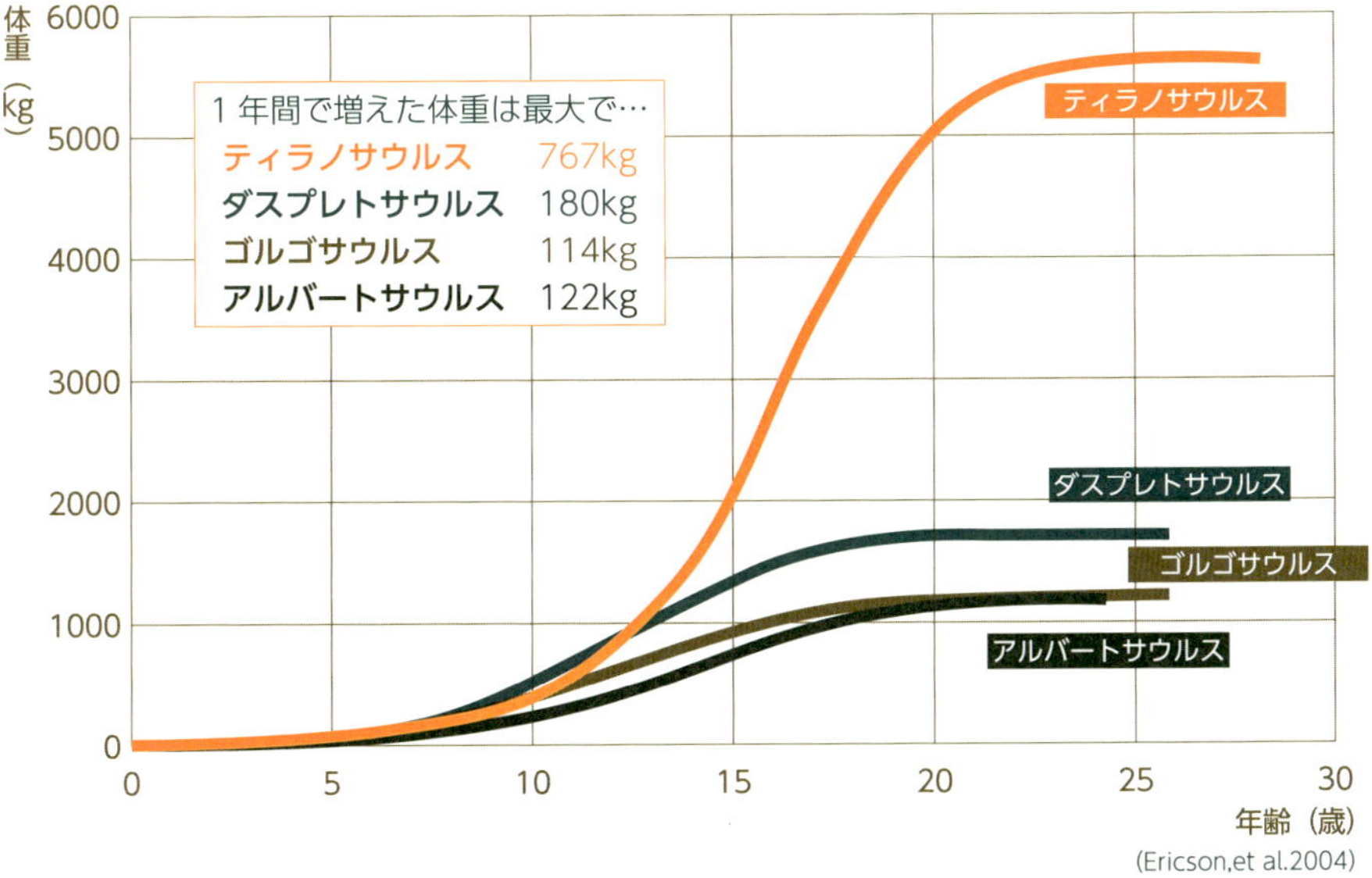

(Ericson,et al.2004)

ティラノサウルスの成長段階（左から 2 歳、11 歳、20 歳～）。若い頃は極端に足が長く、まるでダチョウ恐竜（P136）のような体形をしていたと考えられる。また、少なくとも幼体のうちは、羽毛で全身が覆われていた可能性が高い。

恐竜くん一口メモ ティラノサウルスの成長には複数の研究がある。上のグラフは最大体重を約 6 t としているが、最大 10 t と仮定した試算では成長期の体重増加は最大 1800kg／年とされている。

恐竜は成長すると姿が変わる？

子どもと大人で、**姿が大きく変化する**恐竜もいます。

●外見がガラリと変わる恐竜

近年、恐竜の成長速度や寿命といった数値的な情報に加え、非常に興味深い一面も見えてきました。様々な恐竜が、**幼体から成体への成長過程で、大きく姿が変化していく**ことがわかってきたのです。

成長に従って足が長くなったり、相対的に頭部が小さくなったりといった変化は、いってみれば、体の成長に伴うごく当たり前の変化です。しかし、それらとは全く異なる、極端な**外見上の変化**が広く恐竜に見られるのです。

角竜類トリケラトプスの成長。目の上の「角」は、初めは後方に向かって反り返っているが、段々と前向きになる。襟飾りの「トゲ」は若い頃は鋭いが徐々に目立たなくなり、最終的には消えてしまう。

厚頭竜類パキケファロサウルスの成長。頭頂部がどんどん盛り上がり、トゲは減って、全体的に丸みを帯びていく。

恐竜くん一口メモ　上図パキケファロサウルスの成長には異論も多い。成長段階ではなく、一番左の頭骨は別の厚頭竜類ドラコレックスであると考える研究者も多く、まだ決着していない。

●恐竜は視覚に頼る動物だった

哺乳類の場合、シカの角やライオンのたてがみのような例もありますが、基本的には、成長過程でまるきり外見が変貌するようなことはありません。一方、ニワトリとヒヨコを見ても明らかなように、鳥類の親と雛《ひな》は、まるで別の生きものであるかのように大きく姿が異なります。

これは、基本的に**視覚を重視しない哺乳類**と、大きく**視覚に依存する鳥類**の違いを反映した現象といえます。哺乳類と鳥類は「子を育てる」という点が共通していますが、視覚に頼る鳥類の場合、自身の子が「幼体か成体か」を視覚情報で判別できなければ、子育てが成立しません。鳥にとって、**親子の姿が全く異なることは、絶対必要条件**なのです。

成長過程で大きく外見が変化する恐竜は、鳥類と同様、**視覚情報に強く依存する動物であった**と考えられます。そして、親子の姿が違っている必要があったということは、彼らに**「子育て」の習性があった可能性も高い**といえるでしょう。

カモノハシ竜パラサウロロフスの成長。初めは目立たない「鼻の骨」のふくらみが、段々と後方に向かって伸びていき、最終的には頭の長さの倍ほどになる。

似ていない親子
これなら一目瞭然！
!
そっくり親子？
これでは子どもか大人かわからない……
?
?

恐竜くん一口メモ 化石からは基本的に骨格上の変化しか読み取れない。成長時の外見変化が重要であるなら、骨格以上に体色や模様に最も大きく反映されたはずだが、現状では推測の域を出ない。

Q 恐竜にはどんな病気やケガがあった？

A 化石からわかる病気は限られますが、**ケガの跡はよく見つかります。**

●病気はまだまだ未知の領域

恐竜も様々な病気に悩まされたはずですが、化石は骨ばかりなので、骨以外のことはあまりわかりません。**感染症**などが悪化して骨にまで影響が出た場合には、化石からも判別が可能ですが、まだまだ病気に関する研究は未開拓な分野といえます。

●巨体の維持は楽ではなかった？

骨折のようなケガと、それに起因する**骨腫瘍**などの病変は多数見つかっており、研究も進んでいます。
ケガが多いのは、肋骨や脊椎骨、

恐竜のケガにはこんなものがある!?

近年、話題になった症例には次のようなものがあります。

症例 1

ティラノサウルス類の感染症

多くのティラノサウルス類の下アゴに、感染症が原因と思われる穴が見られる。トリコモナス病という、現生鳥類に広く見られる伝染性感染症に非常によく似ている。

症例 2

ティラノサウルスの疲労骨折

叉骨に多数の疲労骨折の跡が見られる。地面に伏せた姿勢から起き上がる際、前足を支えにしていたため、叉骨に大きな負担が蓄積され続けた結果と考えられる。

見た目に反して鳥類に近縁なティラノサウルス。巨体ゆえのケガのほか、鳥類特有の病気にも悩まされていたらしい。

恐竜くん 一口メモ ゴルゴサウルスはティラノサウルス類の恐竜で、約7600万年前の北米西部に生息していた。全長約9m、細身で非常に後足が長く、俊足のハンターであったと考えられる。

足の指などです。肉食の獣脚類の中には、全身に重傷を負った個体も見られ、壮絶な生涯をうかがわせます。

大型の恐竜に多いのが**疲労骨折**です。疲労骨折は、短期間に同じ部位に強い負荷がかかることで生じるもので、スポーツ選手によく見られます。大型獣脚類は、常に2本足で巨体を支えていたせいか、脚部に疲労骨折が集中しています。巨大な体には、相応の苦労があったようです。

症例 3
ゴルゴサウルスの脳腫瘍

脳は化石に残らないが、頭骨内部にゴルフボール大のスポンジ状の骨の塊が確認されている。体の平衡感覚に大きな障害を起こしたと考えられ、その影響か、この個体は全身ケガだらけで痛々しい。

症例 4
パキケファロサウルス類の頭の病変

かなり高い割合で、頭頂部にケガによる病変が見られる。「メス」や「成熟前の若いオス」と思われる個体にはケガはなく、「成熟したオス」の頭にだけ集中していることから、同種内で頭突きによる闘争が行われた可能性が高い。

パキケファロサウルス類の大きな頭は、ただの飾りではなかったようだ。

症例 5
ステゴサウルスの骨髄炎

骨の内部に複数の骨髄炎の痕跡が見られる。骨髄炎はケガがもとで細菌感染するのが一般的だが、今回は特に大きなケガは見られていないことから、ステゴサウルス自体が骨髄炎にかかりやすい性質だった可能性も考えられる。

骨髄炎はステゴサウルスの持病だった？　ステゴサウルスの反撃で大ケガした肉食恐竜の化石も見つかっている。

症例 6
傷だらけのアロサウルス

あるアロサウルスの骨格は、比較的若い個体なのに全身19ヵ所に重度の骨折や感染症が見られ、研究者を驚かせた。よほど不運な生涯だったか、単にひどくおっちょこちょいな恐竜だったのかもしれない。

大型獣脚類の中でも特にケガが多いことで知られるアロサウルス。好戦的な恐竜だったのだろうか？

恐竜くん一口メモ パキケファロサウルス類はもともと「頭突き恐竜」と想像されていたが、骨格が華奢なことから一旦その考えは否定された。頭部のケガの発見で、再び頭突きの可能性が高まった。

Q 化石から恐竜の性別はわかる？

A 鳥をヒントに推測します。

●化石からの雌雄判別は難しい

絶滅した生きもののオス・メス判別は非常に難しいテーマのひとつです。雌雄の違いは主に、**化石には残りにくい軟組織**に表れるからです。現生の動物なら、生きている状態と骨格を比較することで、骨格上の微妙な性差を把握できます。しかし、絶滅動物にこの方法は使えません。体内に卵を持った骨格が見つかれば、簡単にメスだと判断できますが、そのようなケースは滅多にありません。

そこで、恐竜の性別は、現生動物を参考に様々な方法で推測します。

●間接的な推測

恐竜の生き残りである鳥類には、**オスはメスよりも派手になる**という特徴があります。様々な恐竜に見られる**トサカの大小や角の長短、フリルの形状の違いなど**が雌雄差である可能性は高いでしょう。

このような突起や飾りの発達は、環境適応だけでは十分に説明できません。**恐竜の社会において視覚コミュニケーションが重要であったことを、強く示唆**しています（P121参照）。現生の鳥類同様、オスとメスで外見が異なっていたと考えることは理にかなっています。

骨髄骨による雌雄判別が行われた白亜紀前期の鳥類コンフキウソルニス。長く目立つ尾羽を持つ方がオスで、目立たない方がメスだということが判明した。

恐竜くん一口メモ 体内に複数の卵を宿した状態の羽毛恐竜シノサウロプテリクスの化石が発見されている。卵は3.6cm × 2.6cmほどの大きさであった。

●直接的な推測

やはりカギとなるのは、鳥です。産卵期に入った鳥類のメスは、骨の内側に**骨髄骨**が形成されます。骨髄骨は、産卵に備えて大腿骨などの内部にカルシウムが蓄積されたもので、鳥類のメスにだけ見られます。

近年、**ティラノサウルスに骨髄骨の存在が確認され、その個体がメスである**ことが確実視されています。メスが確定すれば、メスの特徴を正確に把握でき、今後オスの判別も可能になることが期待できます。

ただし、この方法は万能ではありません。産卵期前のメスには骨髄骨は見られません。また、蓄えたカルシウムは卵殻の形成に使われるため、産卵後、一定期間が経過すると骨髄骨は消滅してしまいます。あくまで、**産卵期のメス限定の判別法**であり、「骨髄骨がない＝オス」と判断することはできないのです。

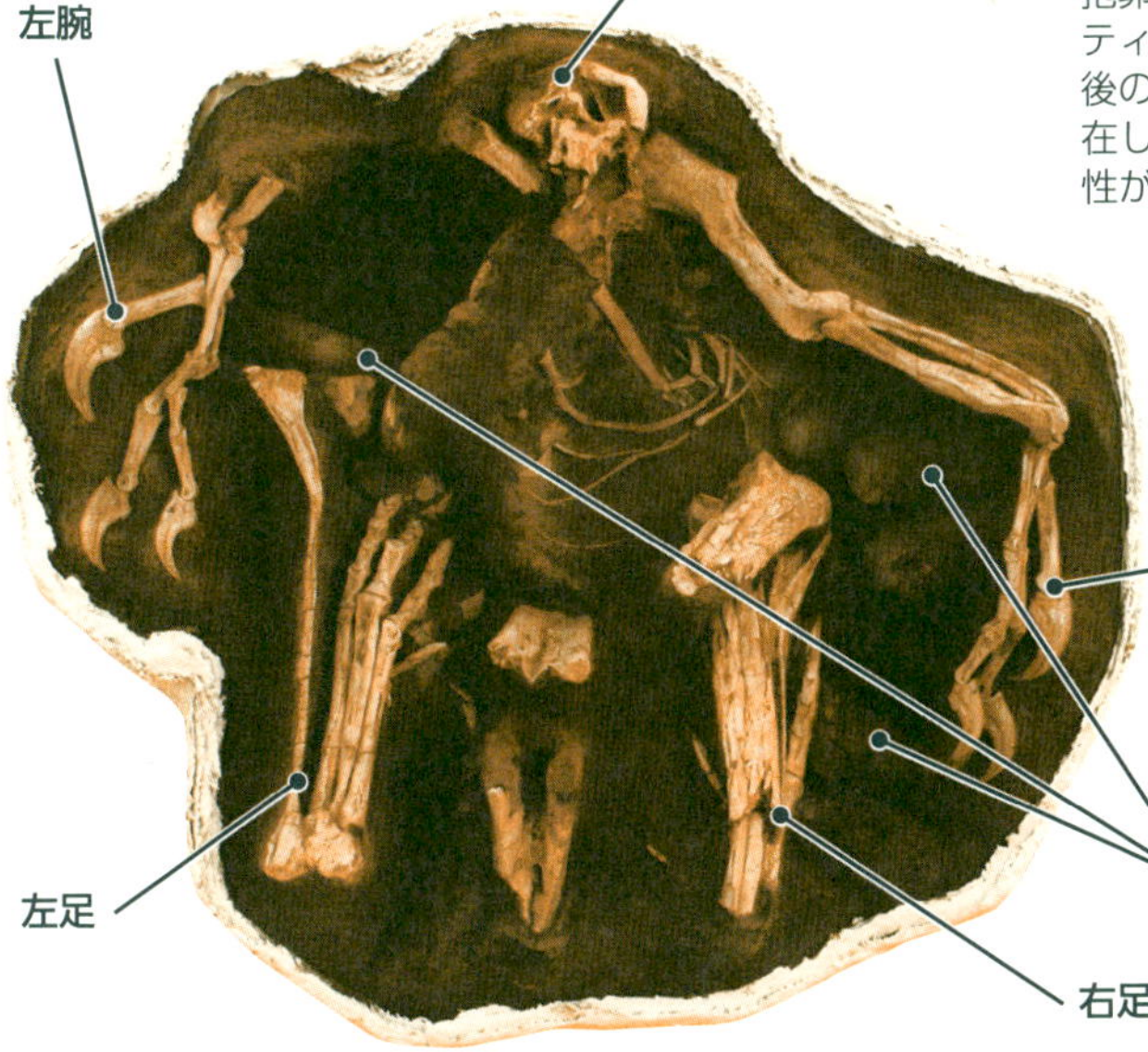

抱卵中の状態で化石になったシティパティ。この個体は産卵直後のはずなのに骨髄骨が全く存在しないため、オスである可能性が高い。

（所蔵：モンゴル国、地質・古生物学研究所）

この化石を基に描かれたイラスト。翼状の前足を広げて巣に覆いかぶさるシティパティのオス。

恐竜くん 一口メモ　性別の判定法というと、以前は尾の下にある「血道弓」という骨の数や形状の違いでティラノサウルスの雌雄が判別できるという研究もあったが、現在では否定されている。

Q 恐竜はみんな卵を産んだ? 子育てをした?

A おそらくすべての恐竜は**卵を産みました。子育てしたものもいたようです。**

●卵は基本的に鳥と同じ

基本的には**すべての恐竜が卵生**、つまり**卵を産んでいた**と考えられます。恐竜の卵は、現生の鳥と同じ**殻が分厚くて硬い卵**で、軟らかい殻を持つカメやヘビ・トカゲとは異なります。卵の大きさは、最大でも長径**50㎝程度**でした。卵の形状は、主に**細長い楕円形**と**ほぼ球形**、そして、変形した楕円（いわゆる**卵型**）の3タイプに大別できます。現生鳥類もそうですが、恐竜の卵にも、表面がツルツルなものやザラザラなものなど、殻の質感は色々ありました。模様や色も様々だったようです。

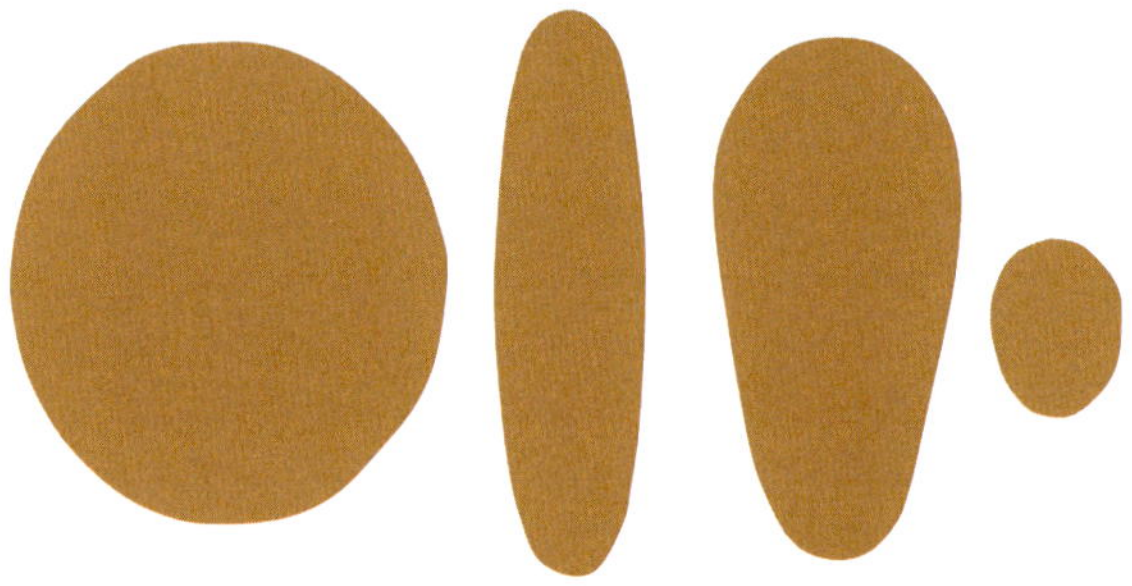

左から「球形」（竜脚形類・鳥脚類など）、「細長い楕円形」（獣脚類）、「長めの卵型」（鳥に近い小型獣脚類）、「短い卵型」（現生鳥類）。卵の大きさは必ずしも親の体の大きさに比例しない。例えば中型恐竜の卵が大型恐竜より大きいことも多い。

●巣作りと集団営巣

これまでに、獣脚類や竜脚形類、鳥脚類などの**巣の化石**が発見されています。鳥類と、恐竜に近いワニも巣作りすることから、恐竜も基本的には**巣作りして産卵した**と推測されます。例外的に、歩きながら点々と産み落としたと思われる竜脚形類の卵も報告されています。あまりに巨大な恐竜になると、体格的に巣作りは難しかったのかもしれません。

鳥脚類や竜脚形類は、同時に大量の巣が見つかっており、多数の個体が集まって産卵する**集団営巣**の習性があったことが判明しています。

※ここでいう巣は、生活のための住処ではなく、あくまで産卵と子育てのための繁殖用の巣のことです。

恐竜くん一口メモ　通常、卵の中身までは化石に保存されないため、卵だけで親の種類を特定するのは難しい。ごくまれに見つかる幼体の骨が入った卵化石は非常に貴重な情報源といえる。

エサやりは何ともいえないが卵と幼体の保護は基本だった？

鳥類は、雛へのエサやりも含めた丁寧な子育てを行います。地上性のダチョウなどは、直接エサは与えませんが、エサ場まで雛を連れていき、危険がないよう常に見守ります。

ワニも、絶えず巣に寄り添って見守り、卵が孵《かえ》る時には幼体が殻を割って出てくるのを手伝います。エサやりはしませんが、幼体を口に入れて食物の豊富な水辺まで運び、外敵から保護する習性もあります。

鳥類やワニから類推する限り、多くの恐竜が何らかの形で子育て――最低でも**卵や幼体を保護していた可能性は高い**といえます。小型獣脚類では、鳥のように巣の上にまたがった**抱卵状態の化石**が複数見つかっています（P125参照）。卵を温めていたかはわかりませんが、**巣を守っていたことは確実**です。また、鳥脚類・曲竜類・角竜類・獣脚類・竜脚形類など、多くの恐竜で**子連れの親や群れ**と思われる化石が発見されています。成体による幼体の保護は、恐竜全体に広く見られる基本的な習性だったのかもしれません。

エサやりに関しては、鳥脚類で、**巣の中の幼体にエサを運んでいた**ことを示唆する化石が報告されています。しかし、恐竜全体でいえばまだまだ情報が不足しており、今後の発見や研究が待たれます。

恐竜の巣は基本的に土を盛り上げて「塚」にした上、植物片などを集めたワニのような巣だったと考えられる。

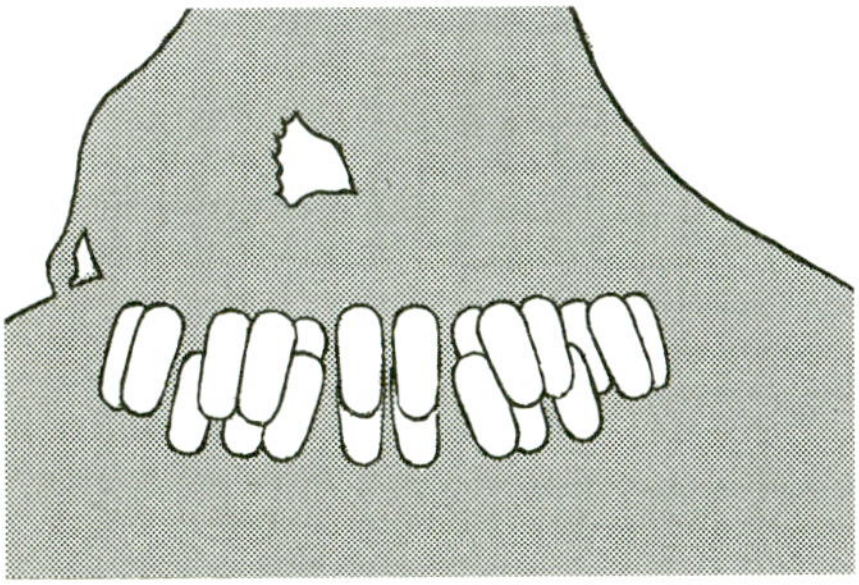

小型獣脚類の巣には親の体格からは考えられないほど大量の卵があることが多い。現生のダチョウなどと同様、複数の親がひとつの巣に卵を産む共同営巣をしていたと考えられる。

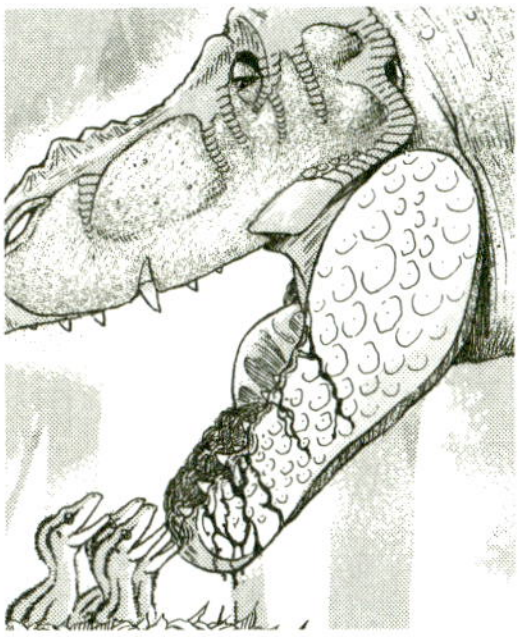

エサやり中のティラノサウルス。これは完全な想像で、物証はない。

恐竜くん一口メモ　カッコウなど一部の鳥類は他種の巣に卵を産んで育てさせる「托卵《たくらん》」を行う。シティパティの巣でヴェロキラプトルの幼体化石が発見され、托卵の可能性も指摘されている。

Q 恐竜の歯からはどんなことがわかる？

A 食べていたものの種類や摂食の仕方がわかるほか、歯を基準に分類も可能です。

●動物の歯は情報の宝庫！

「歯」は動物の体の中で一番硬く、最も化石に残りやすい部分です。しかも、基本的に生涯で一度しか歯が生え変わらない哺乳類と違って、恐竜の歯は**生きている限り何度でも生え変わり続ける**ため、抜け落ちた歯の化石が大量に発見されています。

歯の形や大きさ、生え方を見れば、その動物が何を食べていたか、どうやって食物を集めたりとらえたりしていたかが推測できます。また、歯には動物ごとに異なる特徴が表れるため、一本の歯からでも、ある程度までの分類が可能です。

肉食恐竜の歯

ここでは主に肉食性の獣脚類の歯をタイプ別に紹介します。

タイプ1

肉を切り裂くナイフ型

肉を切り裂くのに適した薄くて鋭い歯。肉食恐竜の歯の基本形といえ、原始的なものから鳥に近い種類までほとんどの肉食恐竜がこれに該当する。

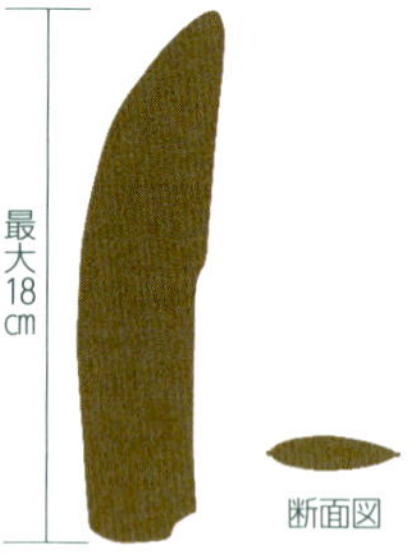

獣脚類としてはやや原始的なケラトサウルス
(所蔵：所十三)

典型的な大型獣脚類のアロサウルス
(所蔵：所十三)

小型で鳥に近いヴェロキラプトル
(所蔵：所十三)

恐竜くん 一口メモ　肉食恐竜の歯は、狩りや食事の最中に頻繁に折れたり抜け落ちたりしていたらしい。大型植物食恐竜の化石と一緒に折れた肉食恐竜の歯が発見されることが非常に多い。

タイプ 2

骨を砕くバナナ型

タイプ１から派生した異様に太く分厚い歯。噛む力が強いティラノサウルスとその近縁種のタルボサウルスにのみ見られ、獲物を骨ごと噛み砕いて食べたと考えられる。

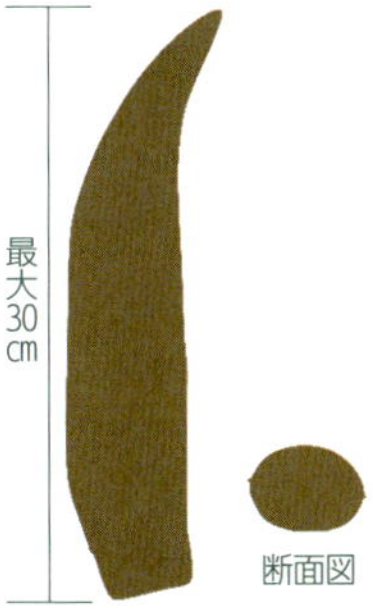

あらゆる恐竜の中で
最大の歯を持つティラノサウルス

タイプ 3

魚をとらえる円すい形

同じくタイプ１の派生形で、１・２と比べて真っ直ぐで、断面の丸い円すい形の歯。魚食に特化したスピノサウルスの仲間にだけ見られる。

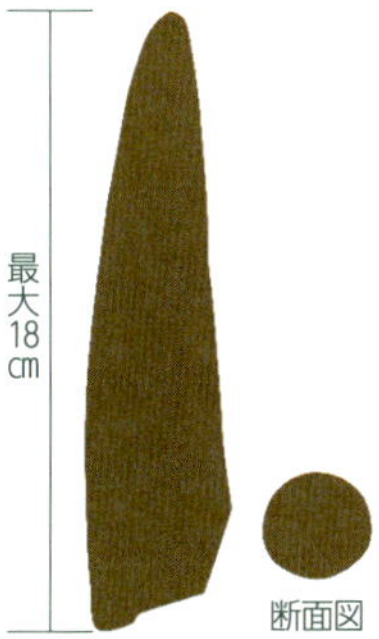

（所蔵：飯田市美術博物館）

主に魚をとらえて食べていたと
考えられるスピノサウルス

番外

歯がなくなるタイプ

ダチョウ恐竜や鳥類など一部の獣脚類は歯を失い、代わりにクチバシが発達。食性の特定は難しいが、肉食ではないものが多かったと思われる。

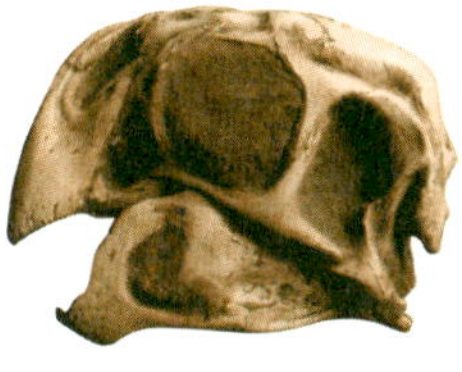

独特のクチバシを持つ
コンコラプトル
（所蔵：所十三）

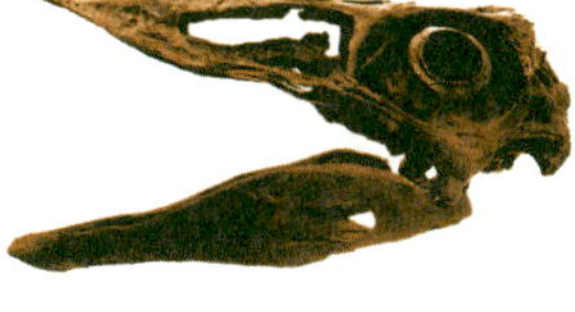

完全に歯の退化した
ダチョウ恐竜オルニトミムス
（所蔵：所十三）

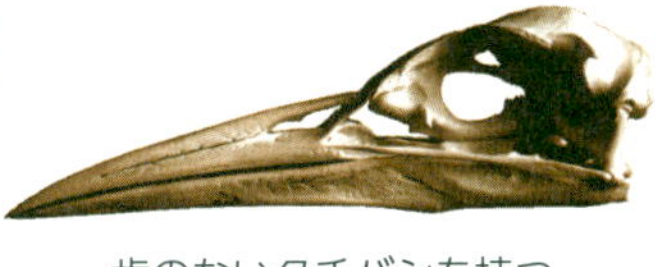

歯のないクチバシを持つ
現生鳥類（サギ）

恐竜くん一口メモ　ほぼすべての肉食恐竜の歯には「鋸歯《きょし》」と呼ばれる細かいギザギザがある。肉が切りやすくなるほか、歯の強度を増す効果があるとされる。タイプ３の歯には鋸歯がない。

植物食恐竜の歯

ここでは主に植物食の竜脚形類と鳥盤類の歯を紹介します。

竜脚形類の歯

基本的には単純な形状の歯が一列に並ぶだけの原始的でシンプルな構造。植物をむしり取って噛まずに飲み込んだと考えられる。

タイプ 1

スプーン型

やや分厚くて内側が浅くくぼんだヘラ状の歯。竜脚形類に広く見られる基本的なタイプ。

カマラサウルス
（所蔵：所十三）

ディプロドクス
（所蔵：所十三）

タイプ 2

鉛筆型

細長くて貧弱な棒状の歯。主にディプロドクスの仲間に見られる。

タイプ 3

密集型

細かく小さな前歯が密集したデンタル・バッテリー風の歯。現時点ではニジェールサウルスだけに固有のタイプ。

ニジェールサウルス
（所蔵：Tyler Keillor,University of Chicago Fossil Laboratory）

恐竜の歯は哺乳類より単純？

「門歯・犬歯・臼歯」に分かれた複雑な歯列を持つ哺乳類と違い、恐竜（爬虫類）の歯列にはほとんど差異がない。ヘテロドントサウルスは数少ない例外で、典型的な植物食の歯に加え、小さな「前歯」と鋭い「牙」があった。また、肉食恐竜ではティラノサウルスの仲間も「前歯（前上顎骨歯）」の形がほかの歯と違っている。

原始的な鳥盤類ヘテロドントサウルス。「ヘテロドント」は「異なる歯」という意味
（所蔵：Tyler Keillor,University of Chicago Fossil Laboratory）

恐竜くん 一口メモ　最初の恐竜は肉食だったと推測されているため、竜脚形類や鳥盤類は、肉食の祖先からかなり早い段階で植物食に移行したことになる。

鳥盤類の歯Ⅰ－基本形

現生のイグアナに似た「木の葉型」の歯が一列に並ぶ。植物食爬虫類の基本形ともいえ、「原始的な竜脚形類」や「植物食に移行した獣脚類」の歯もこのタイプ。鳥盤類はクチバシが発達し、代わりに前歯が消失する傾向がある。

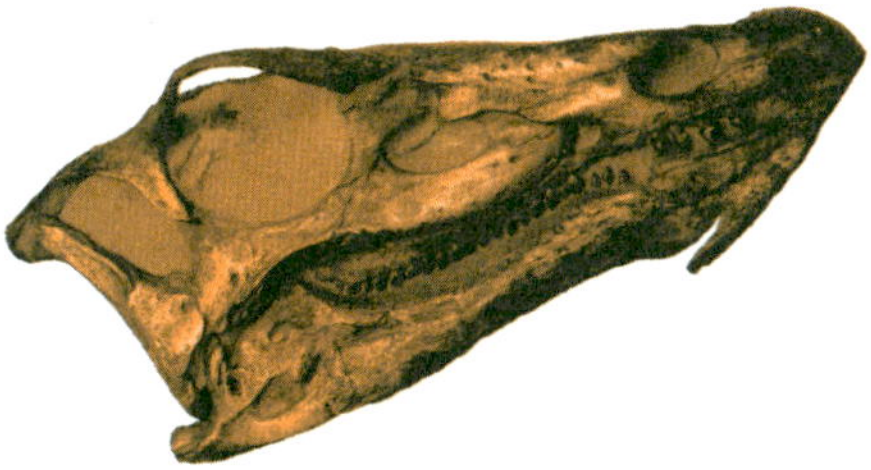

原始的な鳥脚類テスケロサウルス
（所蔵：所十三）

曲竜類ミモオラペルタ
（所蔵：所十三）

厚頭竜類ステゴケラス
（所蔵：所十三）

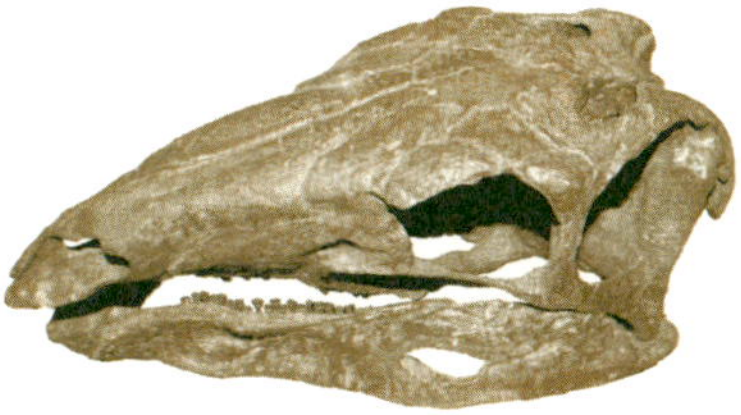

剣竜類ステゴサウルス
（所蔵：所十三）

鳥盤類の歯Ⅱ－デンタル・バッテリー

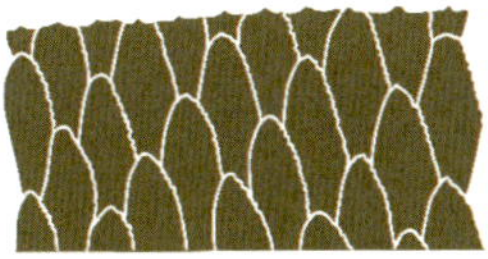

カモノハシ竜と角竜類が独自に獲得した特殊な歯列で、数百～最大2000本もの歯が密集して巨大な塊を形成していた。摩耗した歯は常時入れ替わり続け、常に最適な状態で効率よく植物を咀嚼できた。

鳥脚類（カモノハシ竜）エドモントサウルス
（所蔵：天草市立御所浦白亜紀資料館）

角竜類トリケラトプス
（所蔵：天草市立御所浦白亜紀資料館）

恐竜くん一口メモ　哺乳類の歯は恐竜より形状が複雑で系統ごとの違いも顕著なため、中生代の哺乳類の大半は歯の化石しか見つかっていないが、歯だけでもかなり詳細に分類されている。

Q 恐竜はゲップ、オナラ、しゃっくり、うんち、おしっこをした？

A ゲップとオナラは△、しゃっくりは×、排泄は○ですが……。

●鳥と同じならガスは出さない？

ゲップは主に「胃にたまったガス」を、オナラは「腸にたまったガス」を排出する作用です。どちらも様々な動物に広く見られる現象なので、恐竜がしていた可能性も十分に考えられるでしょう。

ただ、気になるのは現生の恐竜である鳥類は、原則として**ガスをため込まない動物**であるという点です。

体の構造上、ゲップは一応可能なようですが、鳥類は基本的に**ガスを発生させる腸内細菌を持っていない**ため、少なくとも、正常な健康状態の鳥類であれば、ほとんどオナラをすることはありません。もし鳥以外の恐竜も同様であったなら、**オナラはしなかった**ということになります。

●植物食恐竜はオナラをした？

ただし、鳥類の「ガスをため込まない」という性質は、飛行に適応する進化の過程で、**軽量化の一環**として発達した可能性も考えられます。地上性の恐竜、特に鳥類の直系ではない竜脚形類や鳥盤類などの植物食恐竜は、やはり腸内細菌を持っていたと考える方が自然でしょう。

腸内細菌があれば、当然**オナラをしていた**ことになりますが、結局のところ、恐竜の内臓に関する研究がほとんど手つかずの現状では、結論は出せそうにありません。

恐竜くん一口メモ 恐竜の「尿の化石」とされるものも一応存在する。足跡化石とともに発見された「液体が流れた痕跡」のことだが、本当に尿の跡で間違いないのか結論は出ていない。

●しゃっくりは哺乳類だけ

一方、しゃっくりはしなかったと結論づけてよいでしょう。しゃっくりは**横隔膜の痙攣《けいれん》**で起こる現象ですが、そもそも、**横隔膜は哺乳類に固有の構造**です。例えば鳥類やワニ、その他の爬虫類に横隔膜はありませんし、骨格の構造から見ても、恐竜にもなかったと見て間違いありません。**哺乳類以外の動物がしゃっくりすることはない**のです。

●排泄は鳥と同じ

最後にうんちとおしっこですが、あらゆる動物にとって、排泄は必要不可欠なものであり、恐竜も例外ではありません。ただし、私たち人間のように「2つの排泄口から糞と尿を別々に排泄する」のは、**哺乳類が独自に獲得した特殊な排泄方法**です。鳥類及び爬虫類は、基本的に**排泄口はひとつ**しかなく、**糞と尿が混ざった状態で同時に排泄される**のが普通です（白っぽくてベチャッとした鳥の糞を思い浮かべてください）。

鳥以外の恐竜も基本的には、鳥類・爬虫類と同じで、**排泄口はひとつだけ**であったと考えられます。

●恐竜の糞の化石

これまでに、恐竜のものとされる糞の化石はたくさん発見されています。糞化石からは、骨だけではわからない様々な情報が得られます。

例えば、**植物食恐竜の糞化石には様々な植物の破片**が含まれています。かつて、竜脚形類やカモノハシ竜は水生動物だと考えられていた時代もありましたが、糞の中身は陸生の植物ばかりであり、彼らが陸生動物であることを物語っていました。

ティラノサウルスのものと推定される長さ数十㎝の巨大な糞化石からは、**消化されかかった大量の骨**が確認されています。

骨だらけの糞化石はティラノサウルスが骨ごと獲物を食べていた根拠のひとつとされる。

恐竜くん一口メモ　鳥類・爬虫類の中でも大型種のダチョウやワニは、小型種と同じく排泄口はひとつだけだが、尿と糞を分けて順番に排泄する。大型の恐竜も同様だったかもしれない。

Q 恐竜の知能と感覚は優れていた？

A 視覚、嗅覚、バランス感覚が特に発達していたようです。

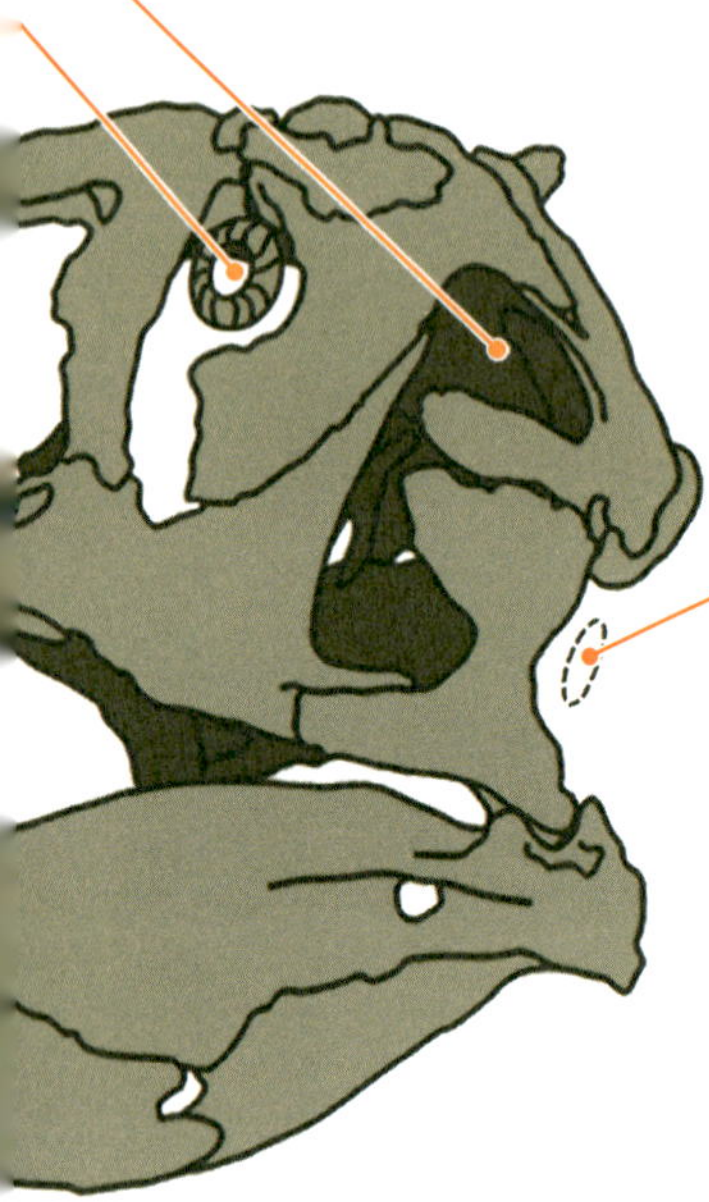

脳

鳥以外の恐竜の脳のつくりは、基本的にワニによく似ており、逆に、哺乳類とはあまり似ていない。全体的に、知能に直結する「大脳」は小さく未発達な反面、視覚や嗅覚などの感覚機能を司る部位や、体温調節や成長といった体の機能をコントロールする部位が著しく発達していた。

例外的に大きな脳を持つ恐竜もいたが、基本的に、思考や記憶力はあまり発達していなかった。一方、巨体の維持、高い運動能力や優れた感覚機能を強く裏付ける構造の脳だといえる。

耳

脳の聴覚を司る部位や、耳の構造の発達具合は、ごく平均的な水準といえる。体のバランスを担う三半規管などの部位は、かなり発達していた。

必要十分な聴覚は備えていたようだが、著しく発達した聴覚を持つ哺乳類ほどではない。一方で、バランス感覚は極めて鋭敏であったと考えられる。

●現生の動物と比較しながらひとつひとつ推定する

絶滅した動物の知能や感覚機能については、直接観察して確かめることができません。そのため、非常に難しいですが、手掛かりがないわけではありません。頭骨内部の構造から割り出される**脳の大きさと形状**や**目や鼻のつくり**を現生の動物と比較することで、ある程度の推定が可能です。

恐竜の種類によっても多少の違いはありますが、ここでは恐竜全体の大まかな傾向を、現状で把握されている範囲でまとめてみました。

恐竜くん一口メモ 哺乳類の鼻には嗅覚や呼吸に関わる「鼻甲介」という構造があるが、恐竜では一部のものにしか見られない。ただ、鼻甲介は繊細な構造ゆえ化石に残りにくいだけという可能性もある。

総合的に見て、恐竜はかなり視覚の優れた動物だったと考えられる。事実、恐竜の生き残りである鳥類は、あらゆる動物の中で最も発達した視覚を持っており、同種間のコミュニケーション手段としても、視覚が極めて重要な役割を果たしている。

目

体に対する目の比率が大きく、脳の中でも、視覚を司る「視葉」と「中脳」がよく発達していた。多くの恐竜に見られる様々な形状の角や突起、羽などの「装飾」は、彼らが視覚に頼る動物であったことを示唆している。

二次的に嗅覚が弱くなった鳥類を除き、全般的に恐竜の嗅覚はかなり鋭かったものと考えられる。ただ、抜群の嗅覚を誇る哺乳類の仲間には及ばなかったかもしれない。

鼻

鳥類には嗅覚が未発達なものが多いが、それ以外の恐竜の脳においては、嗅覚を司る「嗅球」がかなり発達していた。ただ、鼻の構造自体は、哺乳類ほどには特殊化していない。

味覚や触覚に関しては、現状ではほとんど手掛かりがなく、研究も進んでいません。痛覚についても直接証拠はありませんが、次々と歯が抜け替わる（＝折れても欠けても支障がない）という事実や、足や首を骨折した状態で歩き回っていたらしい恐竜の化石が複数見つかっていることなどを総合すると、現生のワニなどと同様、痛みには比較的鈍感であった可能性が高そうです。

恐竜の知能

一般的に、体重に対する脳の重さの割合（脳重量比）が高いほど、知能が高いとされます。恐竜の系統別に見ると、竜脚形類や剣竜類などは脳重量比が極端に低く、獣脚類は脳重量比が高めでした。例えば、体重 20 t の竜脚形類の脳は約 200g で脳重量比は 0.001%、体重 5 t の獣脚類の脳は約 500g で 0.01% となります（ヒトの脳重量比は約 5%）。

全般的に脳の大きい哺乳類と比べ、恐竜の脳重量比が平均的に低いことは確かですが、少なくとも一部の小型獣脚類には、現生鳥類と同等の大きな脳を持つものもいました。

鳥類の中では、オウムやカラスが極めて知的な動物として知られており、厳密な意味で「最も知能の高い恐竜」といえます。

鳥以外の恐竜の中で最も脳重量比の高いトロオドン

恐竜くん一口メモ　脳重量比は知能の目安にはなるが、確実な指標ではない。アフリカゾウなどは人間より脳重量比が高いし、クジラは種によって脳重量比がバラバラだが知能に大差はない。

Q 恐竜の身体能力はどれくらい？

A 様々な研究がありますが、断定的なことはいえません。

身体能力については比較的盛んに研究が行われているものの、研究者や算定方法によって結果がバラバラで、意見がまとまっていません。できるだけ具体的な数値が提示されている例を取り上げつつ、現時点での総合的な見解を、項目別に見ていきましょう。

●走る速さ

理論的には、**脚の長さ**と**歩幅**さえわかれば**速度は計算可能**です。絶滅動物の場合、歩幅の測定には**足跡化石**が使われます。これまでに実際に算出された中での最速値は、中型獣脚類のものとされる二足歩行恐竜の足跡で、**時速約45km**と推定されています。ただ、足跡から正確な脚の長さがわかるわけではないので、この算出方法は、あくまでひとつの目安程度と考えておく方がよいでしょう。

●足が遅い恐竜と速い恐竜

竜脚形類・剣竜類・曲竜類は、体型や脚の構造から見て、恐竜の中で**最も足の遅いグループ**とされます。逆に、体のつくりが軽量で、後足の筋肉が発達した**獣脚類**は、全体的に**素早い動物であった**と推測できます。体が大きくなるほど体重相応の負

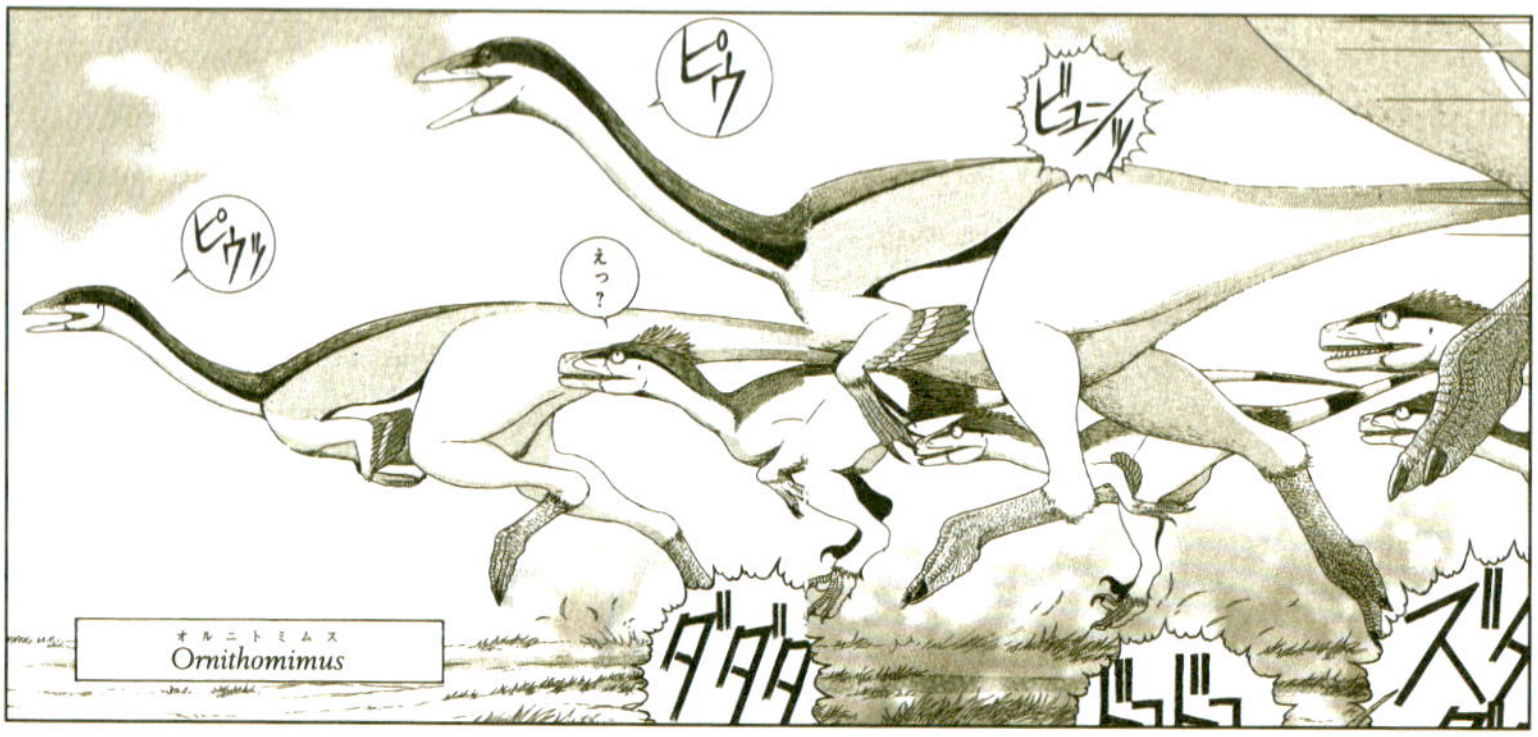

恐竜界一の俊足を誇るダチョウ恐竜オルニトミムス

恐竜くん一口メモ　現生のダチョウ（時速70km）は恐竜進化史上最も高速疾走に特化した形態といえる。飛行も含めれば、直滑降するハヤブサ（時速約390km）は恐竜はもちろん、全生物での最速記録である。

担が生じるため、大型恐竜のスピードはある程度制限されたと考えられます。細身で軽量な**小型獣脚類**や**小型鳥脚類**の中には、**かなりの高速で走れるものがいた**でしょう。

　獣脚類のオルニトミムスの仲間、通称**ダチョウ恐竜**は、明らかに高速疾走に適した形態をしており、鳥類を除けば**最速の恐竜**と考えられます。意外なところでは、**ティラノサウルスの仲間**もダチョウ恐竜によく似た高速疾走型の足を持っていました。小型種や中型種はもちろん、まだ身軽な若いティラノサウルスなどは、おそらく**ダチョウ恐竜に匹敵するほどのスピードで走り回る、驚異的な捕食者**であったと考えられています。

●筋力 ―噛む力・腕の力―

　肉食恐竜のアゴの筋力、すなわち**噛む力**についても複数の研究があり、現生動物とも比較されています。**ティラノサウルス**のアゴの筋肉は、ほかの大型獣脚類では全く比較にならないほど、極端に太く大きく発達していました。噛む力の推定値には大きな開きがありますが、いずれにしても、すべての恐竜の中で並ぶ者のない**最強のアゴ**であったことは間違いありません。現代世界に生きていたら、**ひと噛みで自動車を潰してしまうほどの力**があったでしょう。

　ティラノサウルスは、**腕の筋力**についても研究されています。ティラノサウルスの前足は、体の割に異様に小さく見えますが、意外にも筋肉は発達していました。**片手で200kg程度**なら持ち上げられるほどの筋力があったとされています。

陸上肉食動物の噛む力

代表的な大型肉食恐竜と現生動物の噛む力を比較したグラフ。ティラノサウルスの噛む力の推定値には、13400～235000N（ニュートン）と幅があるため、比較的最近の研究結果（35000～57000N）の最大値を採用した。

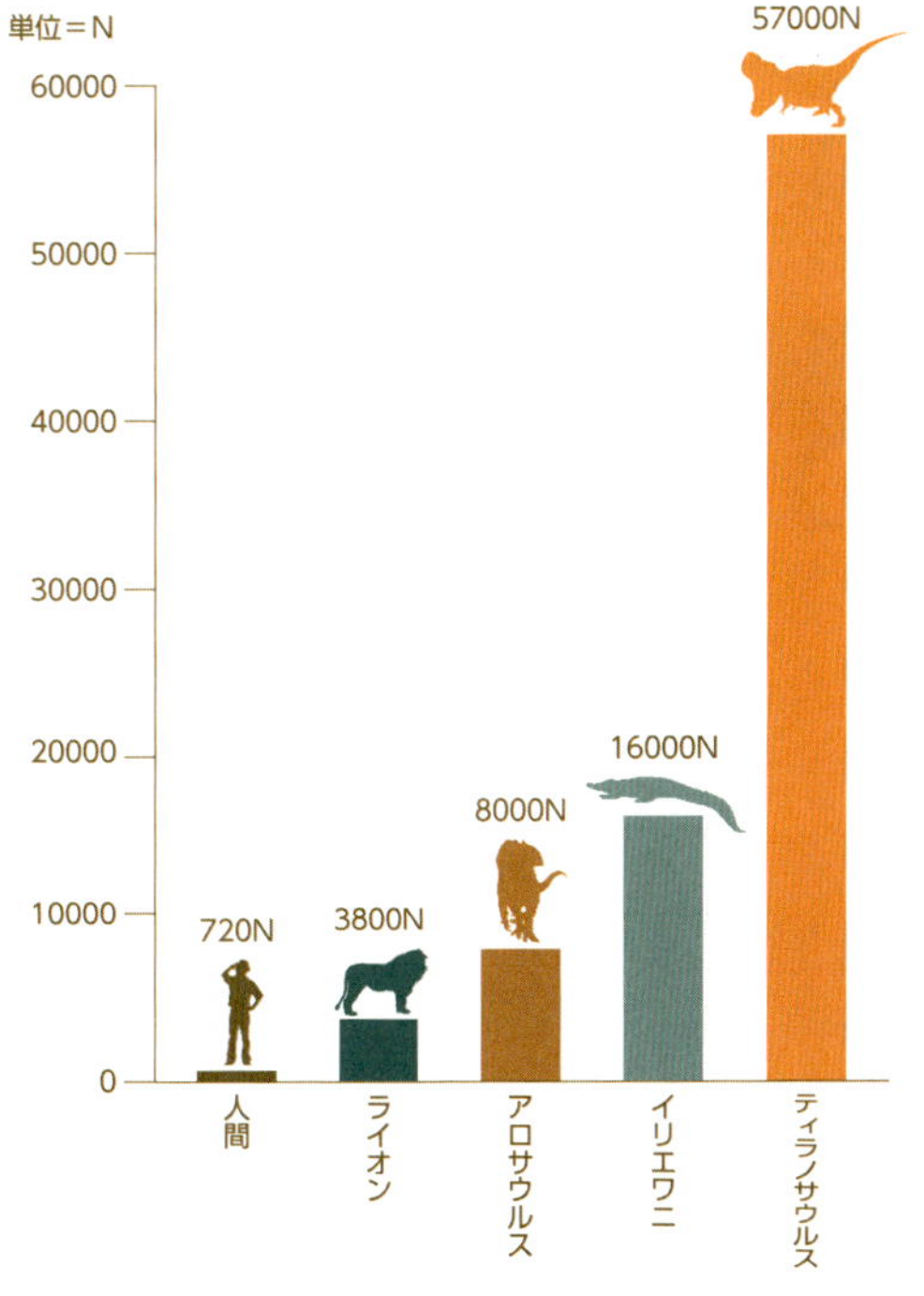

恐竜くん一口メモ　ティラノサウルスの叉骨には、前足に強力な負荷がかかったことによる「疲労骨折」の跡が多数存在し（P122）、間接的に、前足の筋力の強さを示唆しているといえる。

Q ティラノサウルスは何がそんなに特別なの？

A ほかの大型肉食恐竜と比べれば、**その特異性は一目瞭然です。**

●ティラノサウルスという恐竜を「進化」でひもとく

最も有名で人気のある恐竜といわれるティラノサウルス。体の大きさだけでいえば、ティラノサウルスと同等か、それ以上に巨大な獣脚類も複数存在しました。しかし、ほかの大型肉食恐竜と比べてみると、様々な意味で**ティラノサウルスは極めて異質な存在**であるといえます。一体、ティラノサウルスとはどんな恐竜だったのでしょうか？

ここでは、「進化」という観点から、改めてティラノサウルスについて考えてみたいと思います。

ほかとは異なるティラノサウルスの進化

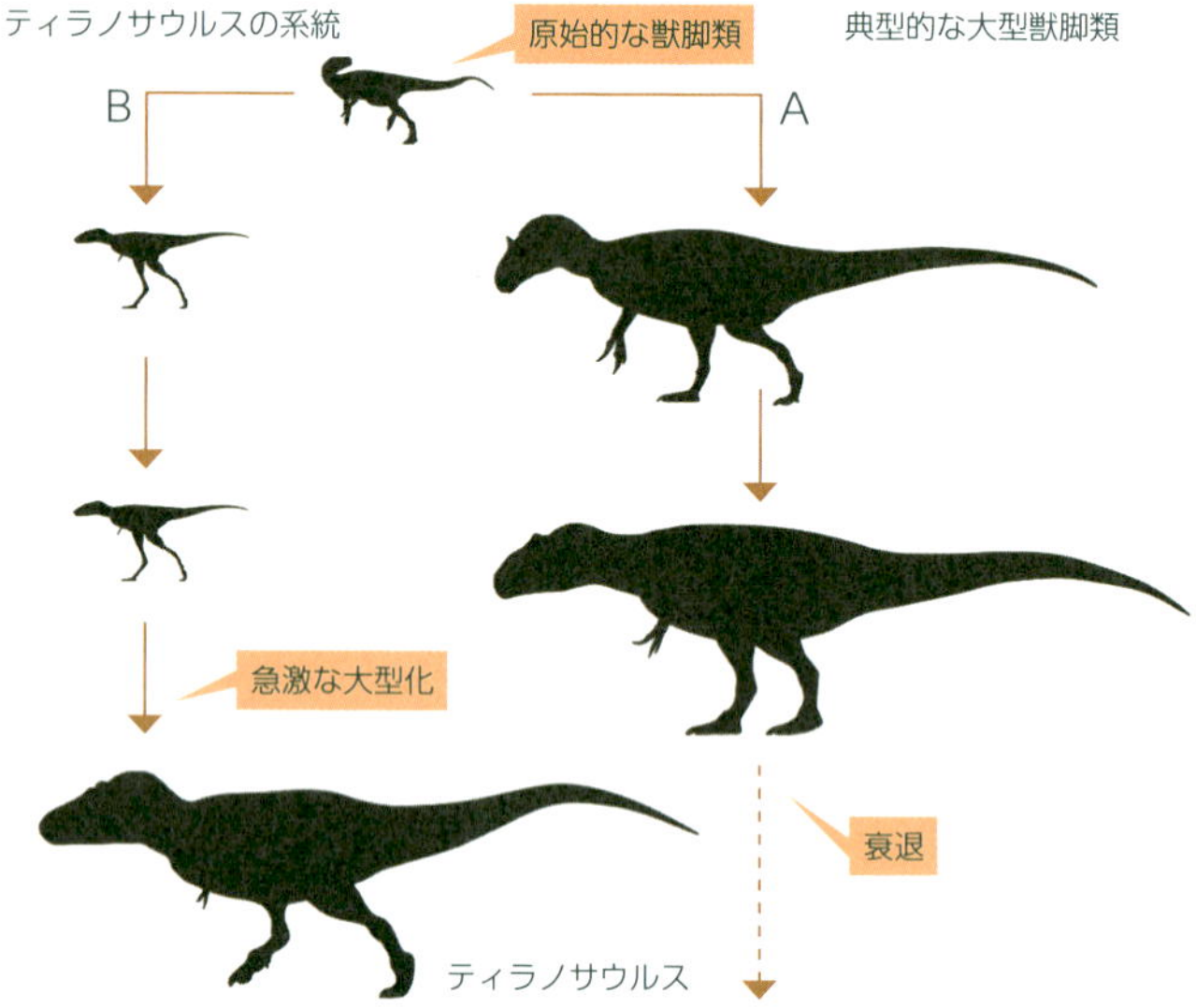

現時点で想定される「典型的な大型獣脚類（A）」と「ティラノサウルスの系統（B）」の進化の模式図。Aは進化の初期段階から早々と大型化し、重量級のパワーファイターとして君臨。その間、Bは基本的に小型なままで、獣脚類でも屈指の高速疾走型の捕食者へと進化。やがて、北半球でAが急激に衰退すると、入れ替わるようにBが急速に巨大化。Bの系統進化の最後に登場したのがティラノサウルスである。

※その名残はティラノサウルスの成長や脚部の構造に顕著に見られる(P119、137参照)。

恐竜くん一口メモ　ティラノサウルスは比較的状態のよい標本にめぐまれている上に、その特異性ゆえに研究者の興味・関心も高いため、最も詳細に研究されている恐竜のひとつといえる。

ティラノサウルスとほかの大型肉食恐竜の比較

ティラノサウルスと同等またはそれ以上の大きさに達したギガノトサウルス、カルカロドントサウルス、スピノサウルスとの比較。

ギガノトサウルス（C）とティラノサウルス（D）を真上から見比べた図。全長はCがやや長いが、Dの方がガッシリとして頑強である。また、骨盤（腸骨）の大きさにも注目。腸骨は後足の筋肉が付着する部位であり、ほぼ同じ体格にもかかわらずDの後足が圧倒的に発達していたことがわかる。

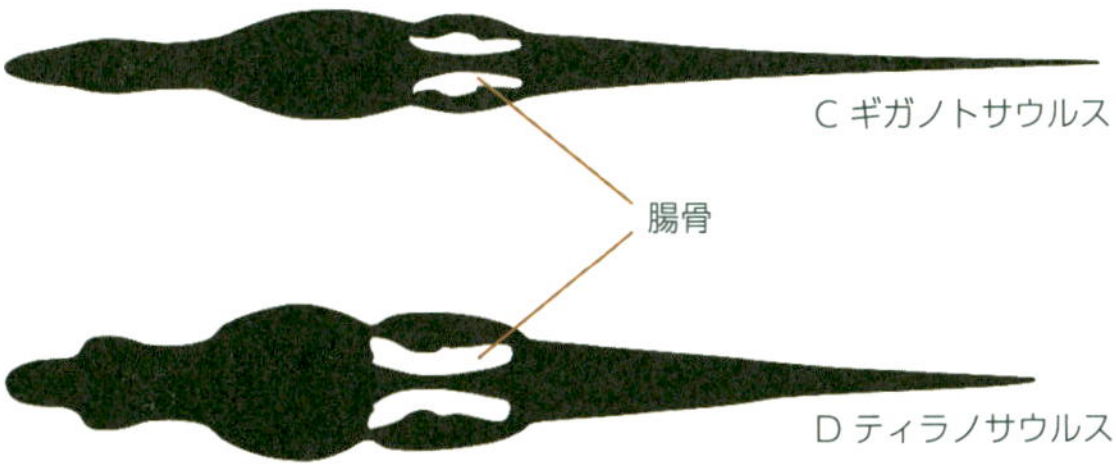

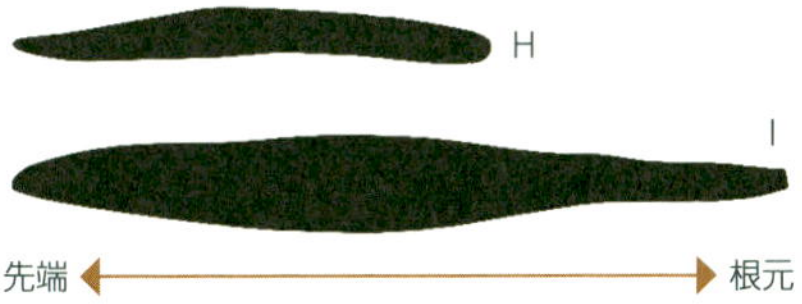

ギガノトサウルスの歯（H）とティラノサウルスの歯（I）の比較（断面）。ほぼ同じ体格の恐竜だが、Hと比べてIは長さが1.5倍以上、厚みは約3倍にもなる。Iの長さは約30cm。

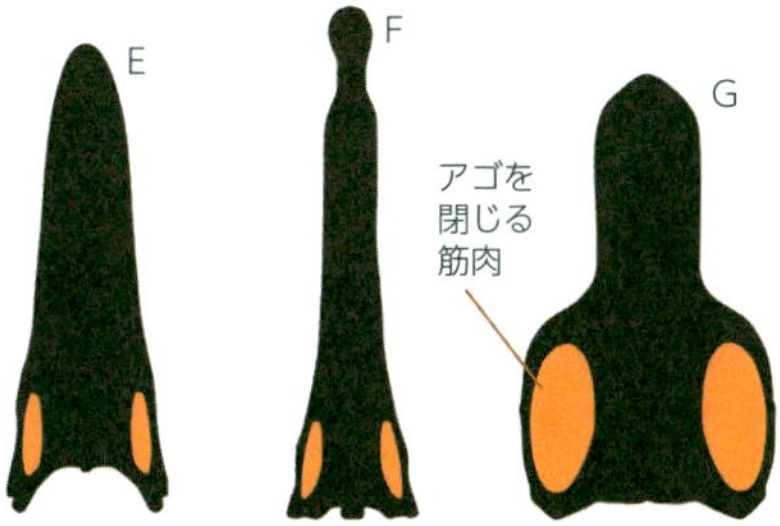

カルカロドントサウルス（E）、スピノサウルス（F）、ティラノサウルス（G）の頭骨を真上から見比べた図。Gの後頭部だけが異様に肥大化し、極端に太いアゴの筋肉があったことがわかる（P137参照）。

●パワーとスピードを両立させた大型肉食恐竜の異端児

ティラノサウルスの仲間は、ほかの大型獣脚類と異なる、**高速疾走型の強靭な足**を持っていました。成体のティラノサウルスともなれば、巨体ゆえのスピード低下は避けられなかったはずですが、ほかの恐竜とは根本的な身体構造が異なるため、少なくとも**同等サイズのほかのどんな恐竜よりも敏捷に動けた**と推測されます。

しかも、スピード重視のためにパワーは劣るかと思いきや、実態は正反対。上図の比較は一例ですが、骨格構造や筋肉量から歯の1本に至るまで、あらゆる面で**ティラノサウルスは他種を圧倒**しています。

ほかに類を見ない独自の進化を遂げたティラノサウルスは、**系統本来の特性である「スピード」と強大な体に見合う「パワー」**を併せ持った、極めて例外的な恐竜だったといえます。

恐竜くん一口メモ　モンゴルのタルボサウルスは当初、同属別種のティラノサウルス・バタールとされたほどティラノサウルスに似ている。タルボサウルスの方が華奢でアゴの筋肉もティラノサウルスほど発達していない。

恐竜Q&A

もっと恐竜について知りたいあなたの疑問に答えます！

Q1 化石の色が違うのはなぜ？

A 骨は本来、どんな動物でも白っぽい色ですが、恐竜の化石は茶色や黒やグレーなど、実に多彩です。これは骨そのものの色ではなく、**骨の成分と入れ替わった鉱物の色**だからです。例えば、モンゴル・ゴビ砂漠産の化石は白っぽく、アメリカ・サウスダコタ州産の化石は焦げ茶色、日本の熊本県や、アメリカ・ユタ州産の化石は黒っぽいなど、産出地によって様々です。

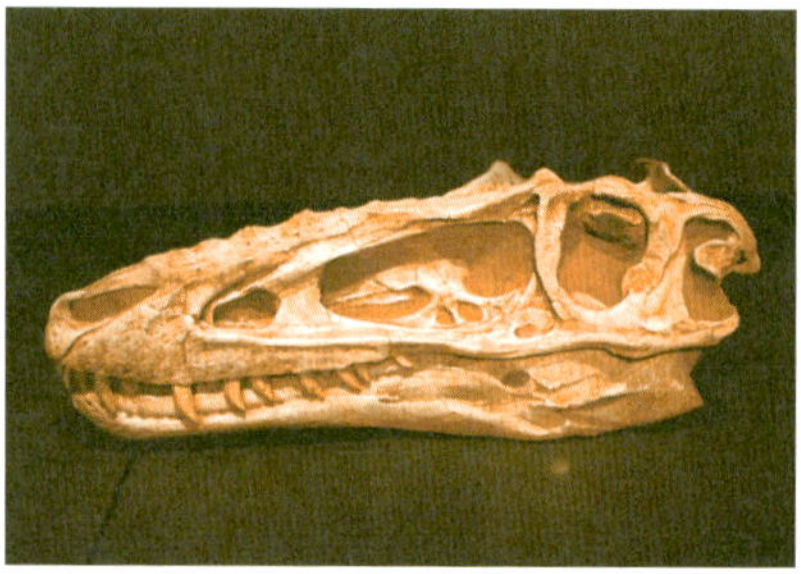

アリオラムスの頭骨（モンゴル産）
（所蔵：所十三）

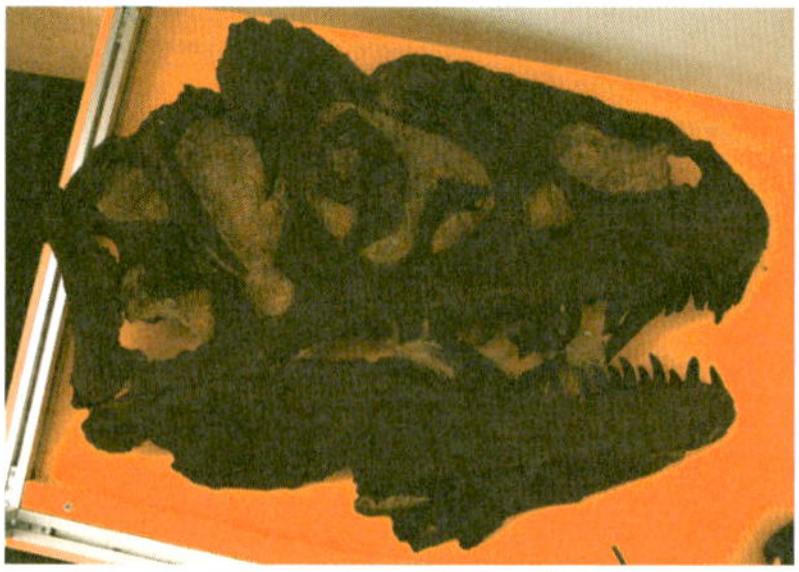

アロサウルスの頭骨（米・ユタ州産）
（所蔵：所十三）

Q2 胃の中に石があるというのは本当？

A **胃石**《いせき》と呼ばれ、竜脚形類など一部の植物食恐竜で確認されています。哺乳類は、口の中で植物を細かく噛み砕く**咀嚼**を行いますが、多くの植物食恐竜は咀嚼ができません。そこで、石を飲み込んで**砂嚢**《さのう》と呼ばれる器官にためておき、それを使って植物を砕くことで消化を助けたようです。

Q3 恐竜は瞬きをした？涙は流したの？

A ヘビや一部のトカゲなどに瞬きをしない（まぶたがない）ものもいますが、恐竜の末裔である鳥も、近縁のワニも瞬きをします。あえて**恐竜が瞬きをしなかったと考えるべき理由はありません。**

涙は、陸上脊椎動物にとっては、**目の洗浄と保護に不可欠なもの**なの

恐竜くん一口メモ　恐竜の胃石同様、消化を補助するために石をのみ込んで砂嚢にためておく習性は、鳥類やワニなど多くの現生動物に見られる。焼き鳥の「砂肝」は砂嚢のことである。

で、当然流していたでしょう。

Q4 頭骨の目の辺りにある「輪っか」は何？

A これは**鞏膜輪**《きょうまくりん》または鞏膜骨と呼ばれる目の骨です。鳥やトカゲ、魚など色々な脊椎動物に見られますが、私たち哺乳類の目にはありません。軟らかい目をしっかり保持する、目を大きくしやすいなど、様々な利点があります。

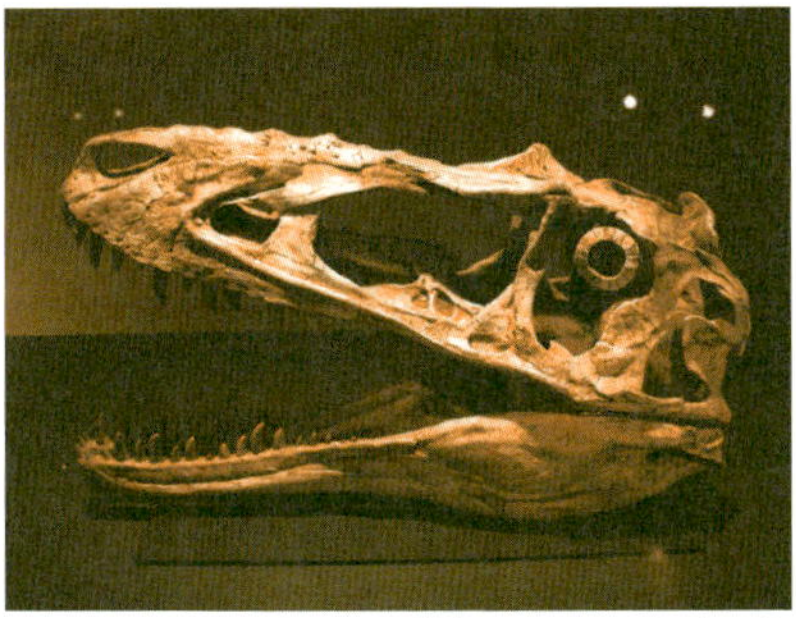

アリオラムスの頭骨。鞏膜輪はすべての恐竜に存在したと考えられているが、薄くて脆いため、化石には残りにくい。
（所蔵：佐賀県立宇宙科学館）

反面、鞏膜輪のある目は基本的に「球体」ではないこともあって、**人間（哺乳類）のように眼球を細かくキョロキョロ動かすことはできません**。鳥の目がほとんど動かないことにお気づきでしょうか？　鳥が絶えず頭を小刻みに動かすのは、眼球が動かないためです。

Q5 夜行性の恐竜はいた？

A 現生の鳥類同様、恐竜は基本的には**日中に活動するのが主流**と考えられますが、**夜行性のものもいた**ようです。絶滅動物に関しては、先述の「鞏膜輪」がヒントになります。夜行性の鳥は、一般的な昼行性の鳥と比べて輪の内側の穴が大きく、光を取り込みやすいつくりになっています。獣脚類のヴェロキラプトルなどが同様のつくりで、夜行性傾向が強かったと考えられます。

Q6 恐竜の墓場ってあったの？

A 想像を絶するほど**大量の恐竜化石を産出するような場所**を「恐竜の墓場」と表現することはあります。しかし、恐竜が死に場所を選んで集まった、という意味での墓場があったとは考えにくいでしょう。そもそも、ゾウなどの一部の現生動物がそういう行動をとるといわれているのも、基本的には**ただの迷信**です。

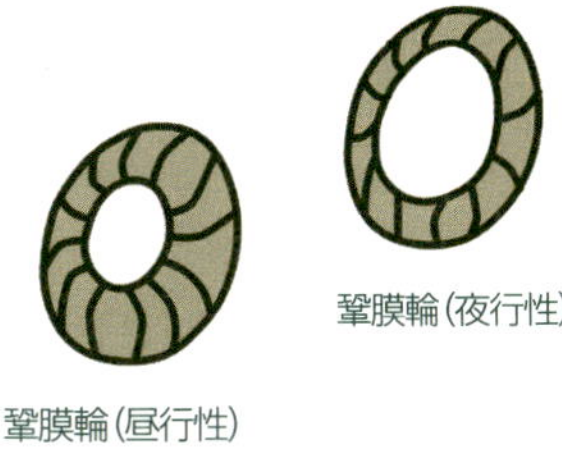

鞏膜輪（夜行性）

鞏膜輪（昼行性）

恐竜くん一口メモ 爬虫類をはじめとする多くの動物が、まぶたの内側に「瞬膜」という目を保護する薄い膜を持っている。鳥類とワニにも存在することから、恐竜にもあったと考えられる。

Q7 恐竜の化石に捏造はないの？

A かつて世界中を騒がせた大捏造事件がありました。１９９９年に発表された**アーケオラプトル**という羽毛恐竜は、恐竜と鳥の特徴を併せ持つことから、これぞ鳥に進化する直前の恐竜か!? と期待されました。しかし、後にそれは、上半身は鳥、下半身はミクロラプトルというように、複数の動物化石を組み合わせて作った**完全な捏造化石**と判明。あまりにも精巧な出来だったために多くの専門家さえだまされてしまったのです。

この一件以来、恐竜化石はより慎重に審査されるようになり、結果的に捏造化石の激減につながりました。現在ではこのような誤認の可能性は非常に低いといえます。

Q8 肉食恐竜は歯をむき出しにしていたの？

A 現生の陸上動物では、半水生のワニを除けば、口を閉じても歯がむき出しになるような動物はほとんど存在しません。口内の乾燥を防ぐためにも、**唇やクチバシで完全に密閉できる構造が普通**です。そう考えれば、多くの恐竜の絵や模型で見られる、**歯をむき出しにした描写には違和感があります**。しかし、ゾウの牙など、部分的ながらも歯を露出させた動物がいるのも事実です。

直接証拠がない現状では、どちらが正しいともいえません。

Q9 ティラノサウルスには羽毛が生えていたの？

A 羽毛の存在を示す**直接的な物証は見つかっていません**。しかし、系統的に**ティラノサウルスの祖先は羽毛恐竜である**と考えられ、**羽毛の遺伝子を受け継いでいる**ことになります。ただ、遺伝子を受け継いでいても、**必ず羽毛が生えるとは限りません**。二次的に消失することもありますし、生えたとしても、どのくらい生えていたかはわかりません。あれほどの巨体が全身羽毛で覆われていたら、**体内の熱がこもり過ぎる、羽毛の手入れができない**など、生態的な面でも様々な問題が想定されます。そのため、仮に羽毛が生えていても、基本的には**体の小さい幼体の間だけで、成長とともに羽毛が抜けていく**、という解釈が今最も普及しているようです。いずれにせよ、物証のない現状では、羽毛あり・なし、どちらの解釈も間違いではありません。

Q10 竜脚形類は首を上げられなかったの？

A 竜脚形類の首は**関節の構造上あまり大きく上下には動きそ**

恐竜くん一口メモ　既知の大半の羽毛恐竜は、獣脚類の中の「コエルロサウルス類」である。主に小型敏捷な恐竜を中心とする一大グループで、ティラノサウルス類や鳥類もこの中に含まれる。

うにありません。また、長い首を高く上げると、脳に血液を送るために**心臓に多大な負担がかかる**ため、近年、特に大型の竜脚形類は**首を高く上げず、前方に伸ばしていた**という見解が有力であり、現時点で最も無難な解釈と思われます。ただ、首の付け根辺りの関節は比較的可動性が高かったり、種類によって頸椎の構造が大きく異なったりもするため、一概に「首を上げることはできなかった」と断言してしまうのは、少し危険かもしれません。

Q11 スピノサウルスは半水生で四足歩行の恐竜だったの？

A もともとスピノサウルス類が**魚食に適応した恐竜**と考えられることに加え、恐竜の中では例外的に**骨が緻密で重い**こと（水中でバランスを取りやすくなる）、**鼻の穴が頭の高い位置にある**こと、**足の指が平たくて泳ぐタイプの鳥に似ている**こと、口先にワニのような**水流を感知するセンサーがあった可能性がある**ことなど、**半水生であった可能性は高い**といえます。同じ地層から**全長数m以上の巨大な魚**が多く見つかることから、それらを主食にして大型化したのかもしれません。一方、スピノサウルスの化石は非常に断片的であり、**四足歩行に関してはまだ疑問も多く**、今は、もう少し研究の進展を見守るべき段階でしょう。

Q12 恐竜の体重はどうやって推測するの？

A 一応、2種類の推定方法があります。

①可能な限り正確に復元した「縮小模型」を作り、その体積を基に算出する方法

②現生動物を基に割り出した数式に「上腕骨と大腿骨の断面積（※二足歩行なら大腿骨のみ）」をあてはめて算出する方法

ただ、いずれの方法にも決定的な問題点があるため、現状では確実な算出法はありません。本書でも便宜的に体重を表記している箇所がありますが、あくまで目安程度と考えてください。

Q13 恐竜に関わる仕事にはどんなものがあるの？

A 専門の研究者、つまり**古生物学者**を筆頭に、色々な仕事があります。化石のプレパレーションやレプリカ作成、骨格組立などを専門に行う技術者から、博物館の展示デザインやイラスト・模型の制作、さらにはサイエンスライターやエンターテインメント関連まで、実に様々な仕事があります。

恐竜の道を目指したい人は、必ずしも研究者だけが唯一の道ではありませんので、色々な可能性を模索してみるとよいでしょう。

恐竜くん一口メモ ティラノサウルスの羽毛の主な根拠は、①羽毛を共通の特徴とするコエルロサウルス類に属し、②実際に原始的なティラノサウルス類で羽毛が確認されていることにある。

もっと恐竜を理解するために ⑤

恐竜くん流
「博物館や恐竜展の楽しみ方」

紙面に限りがあるので、私の考える「恐竜の骨格展示を観察する時のポイント」をひとつご紹介したいと思います。

科学の基本は「比較」です。それは、恐竜の骨格を観察する時も例外ではありません。恐竜展示の充実した博物館や大規模な恐竜展なら、異なる恐竜同士で色々な比較をする絶好のチャンスです。例えば角竜類と鳥脚類などグループ別に比べてみたり、獣脚類のアロサウルスとティラノサウルスという風に同類同士で比べてみたり、四足歩行と二足歩行に分けて比べてみたり……。共通点や異なる点をほんの少し意識してみるだけで、ただ漠然と見ていた時とは違う、新しい発見があるはずです！

慣れてきたら、もっと具体的なテーマを決めてみましょう。例えば、ティラノサウルスの噛む力は、ほかの獣脚類と比べて桁違いの強さだったといいます（P137）。それが確かなら、ティラノサウルスとほかの獣脚類では、アゴの筋肉量や頭骨の構造、歯の形などに明らかな違いがあるはずです。展示の仕方によっては難しいかもしれませんが、両者の頭骨を、横から下から正面からと、可能な限り様々な角度から見比べてください。きっと何か気づくことがあるでしょう。ほかにも、一見似ていないように思える竜脚形類と獣脚類が、なぜ同じ「竜盤類」なのか？　といったテーマも面白いでしょう。「竜脚形類＆獣脚類」VS「鳥盤類」で比較することで、前者の共通項が見えてくるかもしれません。

恐竜だけを見ていても、わかることは限られています。より深く恐竜を知るには、恐竜以外の動物と比較することが何よりも重要です。恐竜の末裔である鳥、恐竜に近いワニ、そして全く異なる進化を歩んだ哺乳類。多くの動物に共通する特徴もあれば、鳥と恐竜だけの共通点もあります。もし同じ展示室に恐竜以外の動物の骨格標本がないなら、私たち自身の体と比べましょう。人間だって、陸上脊椎動物としての基本的な構造は共通していますから、立派な比較対象になりますよ。

博物館は、不思議と発見の宝庫です。子どもも大人も、ぜひその日の「自由研究テーマ」を決めて、心ゆくまで博物館を楽しんでいただけたらと思います。そして、博物館の次は、ぜひ動物園にも足を運んでみてください。

第6章

恐竜くんのミニ恐竜図鑑

この章では、恐竜の主要グループを代表する18種をピックアップ。各恐竜のイラストとともに基本的なデータや簡単な解説をまとめましたので、巻末の系統樹とあわせてご覧ください。

ヘレラサウルス

学名 *Herrerasaurus*
学名の意味 ヘレラ(人名)のトカゲ
系統 獣脚類ヘレラサウルス類
産地 アルゼンチン
時代 三畳紀後期(2億3200万～2億3000万年前)
最大サイズ(全長) 4m(～6m?)
主な種 *H.ischigualastensis*

二足歩行の肉食恐竜で、現在知られている中では最も古い時代に生息した「最初期の恐竜」のひとつ。その系統的位置づけについては諸説あるが、原始的な獣脚類という見解が有力。前足にはまだ5本の指が残っているなど、後の獣脚類と比べて原始的な特徴が目立つ。

ケラトサウルス

学名 *Ceratosaurus*
学名の意味 角のあるトカゲ
系統 獣脚類ケラトサウルス類
産地 アメリカ・ポルトガル・タンザニア?
時代 ジュラ紀後期(1億5500万～1億4800万年前)
最大サイズ(全長) 7m
主な種 *C.nasicornis*
C.dentisulcatus
C.magnicornis

鼻の上に目立つ角状の突起がひとつと、両目の上にも小さな突起が2つある、中型の肉食恐竜。薄くて鋭いナイフ状の歯が特徴。前足の指は4本ある。角はいずれも非常に薄く脆い構造をしていることから、武器などではなく、装飾としての意味合いが強かったと考えられる。

スピノサウルス

学名 *Spinosaurus*
学名の意味 棘トカゲ
系統 獣脚類スピノサウルス類
産地 エジプト・モロッコ
時代 白亜紀前期～白亜紀後期(1億1200万～9700万年前)
最大サイズ(全長) 15m(～18m?)
主な種 *S.aegyptiacus*
S.maroccanus

断片的な化石からの推定ではあるが、既知の獣脚類の中で最大の恐竜。主食は魚であったと考えられている。近年の研究によると、高度に水中生活に適応した半水生動物であり、後足や骨盤が貧弱と思われることから、陸上では四足歩行をしていた可能性が高いという。

アロサウルス

学名 *Allosaurus*
学名の意味 異なるトカゲ
系統 獣脚類カルノサウルス類
産地 アメリカ・ポルトガル・タンザニア？
時代 ジュラ紀後期（1億5500万～1億5000万年前）
最大サイズ（全長） 9m（～12m？）
主な種 *A.fragilis*
A.tendagurensis

ジュラ紀を代表する、典型的な大型肉食恐竜。異なる成長段階を含む多数の化石が発見されており、様々な角度から詳しく研究されている。ステゴサウルスの反撃によると思しき傷を筆頭に、大ケガを負った個体の発見例も多い。噛む力はあまり強くないが、アゴの関節は柔軟に動き、大きな肉を丸飲みできたと考えられる。

ティラノサウルス

学名 *Tyrannosaurus*
学名の意味 暴君トカゲ
系統 獣脚類ティラノサウルス類
産地 カナダ・アメリカ
時代 白亜紀後期（6800万～6600万年前）
最大サイズ（全長） 13m
主な種 *T.rex*

巨大な獣脚類で、「最後の恐竜」のひとつ。あらゆる肉食恐竜の中で最も力強く、頑丈な体のつくりをしていた。ほかの大型獣脚類と比べて足の構造が特殊化しており、パワーだけでなくスピードも兼ね備えていたと考えられる。巨体に反して鳥類に近い恐竜であり、最低でも幼少期には羽毛を持っていた可能性が高い。

シノサウロプテリクス

学名 *Sinosauropteryx*
学名の意味 中国のトカゲの翼
系統 獣脚類コンプソグナトゥス類
産地 中国
時代 白亜紀前期（1億2500万～1億2000万年前）
最大サイズ（全長） 1.4m
主な種 *S.prima*

世界で初めて報告された「羽毛恐竜」。獣脚類の中でも突出して長い尾を持つ。状態のよい完全骨格が複数発見されており、胃の辺りにトカゲや哺乳類の骨が確認されているほか、体内に卵を持った個体まで発見されている。尾に赤みがかったシマ模様があったことも判明した。

オルニトミムス

学名 *Ornithomimus*
学名の意味 鳥もどき
系統 獣脚類オルニトミモサウルス類
産地 カナダ・アメリカ
時代 白亜紀後期（7500万～6600万年前）
最大サイズ（全長） 4m
主な種 *O.velox*
O.edmontonicus

手足や首が細長く、口（クチバシ）には歯が一本もない。その姿形から「ダチョウ恐竜」とも呼ばれ、おそらく、当時の地球上において最も俊足な動物のひとつであったと考えられる。幼体の化石で全身を覆う羽毛が確認されているほか、成体の前足は翼状になっていた。「最後の恐竜」のひとつ。

テリジノサウルス

学名 *Therizinosaurus*
学名の意味 鎌（かま）トカゲ
系統 獣脚類テリジノサウルス類
産地 モンゴル
時代 白亜紀後期（約7000万年前）
最大サイズ（全長） 10m？
主な種 *T.cheloniformis*

まるで鎌のような形をした、薄くて巨大な爪（末節骨）が特徴。時に爪だけで長さ 1m 近くにもなる「地球史上最大の爪」の持ち主である。今のところ前足以外の化石はほとんど見つかっていないため、全体像は近縁種からの推測に頼っている。テリジノサウルスの仲間は、獣脚類でありながら植物食に完全適応していた。

モノニクス

学名 *Mononykus*
学名の意味 一本の爪
系統 獣脚類アルヴァレズサウルス類
産地 モンゴル
時代 白亜紀後期（7500万～7000万年前）
最大サイズ（全長） 1m
主な種 *M.olecranus*

非常に小型軽量な獣脚類。前足はかなり短く縮小しており、太く頑丈な指が一本だけしかない。現生鳥類によく似た特徴が見られることから、発見当初は原始的な地上性の鳥と考えられていたが、近年の研究によって、実は見た目ほど鳥に近い動物ではないことがわかってきた。

シティパティ

学名 *Citipati*
学名の意味 （ヒンディー語で）墓場の王
系統 獣脚類オヴィラプトロサウルス類
産地 モンゴル
時代 白亜紀後期（7500万〜7000万年前）
最大サイズ（全長） 3m
主な種 *C.osmolskae*

寸詰まりの奇妙な頭骨を持った獣脚類で、食性は不明。首や前足が長く、尾は短い。前足は翼状になっていたと考えられる。卵を守るように巣に覆いかぶさった状態の骨格化石が、複数見つかっている。かつてオヴィラプトルと認識されてきた化石のほとんどが、実際にはシティパティのものであったことが判明し、混乱を招いている。

ヴェロキラプトル

学名 *Velociraptor*
学名の意味 素早い略奪者
系統 獣脚類ドロマエオサウルス類
産地 モンゴル
時代 白亜紀後期（7500万〜7000万年前）
最大サイズ（全長） 2m
主な種 *V.mongoliensis*
V.osmolskae

非常に鳥に近い小型肉食恐竜。映画『ジュラシック・パーク』に、群れで狩りをする人間大の恐竜として登場するが、実際には中型犬くらいの大きさであり、群れ行動を示唆するような物証も特に見つかっていない。夜行性であった可能性が高い。前足が翼状になっていたことが判明している。

始祖鳥（アーケオプテリクス）

学名 *Archaeopteryx*
学名の意味 古代の翼
系統 獣脚類鳥類
産地 ドイツ
時代 ジュラ紀後期（1億5000万〜1億4550万年前）
最大サイズ（全長） 0.5m
主な種 *A.lithographica*

現在知られている中で最も古い鳥類のひとつで、鳥類の基準として扱われている。現生鳥類と同じ構造の風切り羽を持っているが、長い尾や歯があるところや、胸の筋肉が未発達な点などは大きく異なる。最近の研究では、「ドロマエオサウルス類に近い仲間であり、鳥類の基準とするには無理がある」という見解もあるが、結論は出ていない。

ギラッファティタン

学名 *Giraffatitan*

学名の意味 巨大なキリン

系統 竜脚形類ブラキオサウルス類

産地 タンザニア

時代 ジュラ紀後期（1億5000万～1億4500万年前）

最大サイズ（全長） 26m

主な種 *G.brancai*

かつてはブラキオサウルスの一種とされていたが、近年、別の恐竜として再分類された。植物食で、確実な全身像が判明している中では未だに最大級の恐竜。竜脚形類としては珍しいことに、前足が後足よりも長く、肩が腰よりも高い位置にある。加えて首も非常に長いため、恐竜の中でも突出して背が高い。

ステゴサウルス

学名 *Stegosaurus*

学名の意味 屋根トカゲ

系統 剣竜類ステゴサウルス類

産地 アメリカ・ポルトガル

時代 ジュラ紀後期（1億5500万～1億5000万年前）

最大サイズ（全長） 9m

主な種 *S.armatus*
S.stenops
S.longispinus

背中に並んだ大きな五角形の板が特徴の植物食恐竜。剣竜類では最大。尾の筋肉は非常に発達しており、先端部のトゲを振り回して外敵から身を守っていたと推測されている。背中の板には太い血管が通っており、装飾的な意味だけでなく、体の熱を逃がす効果もあったと考えられている。

アンキロサウルス

学名 *Ankylosaurus*

学名の意味 結合したトカゲ

系統 曲竜類アンキロサウルス類

産地 カナダ・アメリカ

時代 白亜紀後期（6800万～6600万年前）

最大サイズ（全長） 9m

主な種 *A.magniventris*

全身骨格は未発見ながら、大きな頭骨が良い状態で見つかっており、既知の曲竜類の中で最大の恐竜。頭骨はかなり寸詰まりで、前後長よりも横幅の方が大きい。「最後の恐竜」のひとつだが、歯の形状は原始的かつ単純なつくりをしている。尾先端部の棍棒《こんぼう》は非常に大きく、強力な武器となったと考えられる。

イグアノドン

学名 *Iguanodon*

学名の意味 イグアナの歯

系統 鳥脚類イグアノドン類

産地 ベルギー及びヨーロッパ各地？

時代 白亜紀前期
（1億3000万～
1億2500万年前）

最大サイズ（全長） 10m

主な種 *I.bernissartensis*

がっしりした体つきの植物食恐竜で、最初に科学的に研究された恐竜のひとつ。基本的には四足歩行だが、必要に応じて二足でも歩くことができたと思われる。前肢の第１指が鋭いスパイク状になっている。状態の良い骨格化石が多数発見されており、古くからよく研究されてきた恐竜のひとつである。

パキケファロサウルス

学名 *Pachycephalosaurus*

学名の意味 厚い頭のトカゲ

系統 厚頭竜類パキケファロサウルス類

産地 アメリカ

時代 白亜紀後期（7000万～
6600万年前）

最大サイズ（全長） 7m

主な種 *P.wyomingensis*

ドーム状に分厚く盛り上がった頭頂部が特徴。大きな頭部には骨がつまっており、非常に頑丈なつくりをしている。事実、これまでに発見されている化石の大半は頭部のみの標本ばかりである。恐竜全体で見れば必ずしも大型とはいえないが、既知の厚頭竜類の中では最大の体格を誇る。「最後の恐竜」のひとつ。

トリケラトプス

学名 *Triceratops*

学名の意味 3つの角のある顔

系統 角竜類ケラトプス類

産地 カナダ・アメリカ

時代 白亜紀後期（6800万～
6600万年前）

最大サイズ（全長） 9m

主な種 *T.horridus*
T.prorsus

「最後の恐竜」のひとつで、最大級の角竜類。鼻先に小さい角と、両目の上に非常に長くて鋭い角を持つ。北米西部の広範囲から大量の化石が産出しており、地層によっては、見つかる恐竜化石の80％以上をトリケラトプスが占める。ティラノサウルスの主要な獲物であったらしく、噛み跡を伴う化石が多く発見されている。

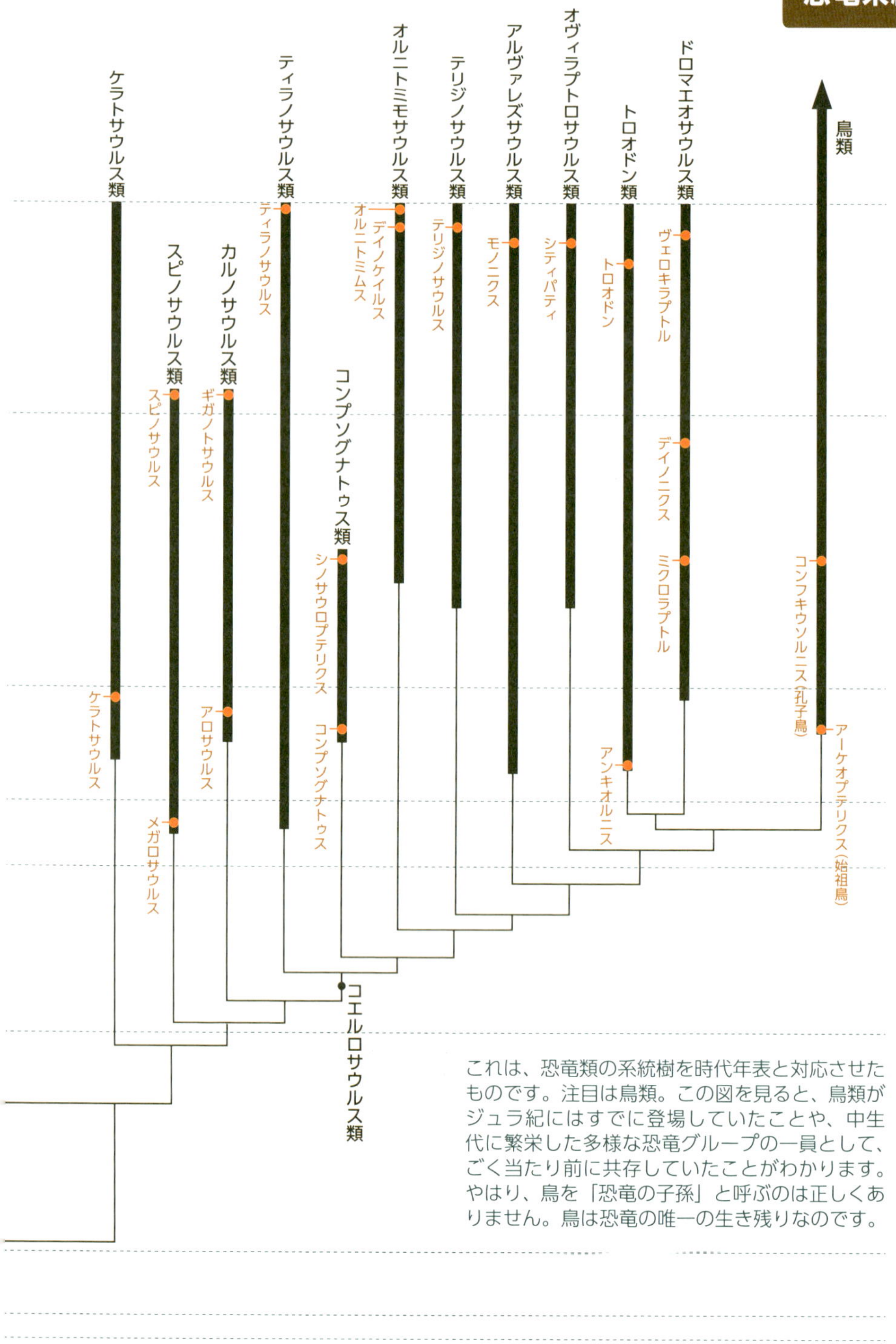

これは、恐竜類の系統樹を時代年表と対応させたものです。注目は鳥類。この図を見ると、鳥類がジュラ紀にはすでに登場していたことや、中生代に繁栄した多様な恐竜グループの一員として、ごく当たり前に共存していたことがわかります。やはり、鳥を「恐竜の子孫」と呼ぶのは正しくありません。鳥は恐竜の唯一の生き残りなのです。

●…その恐竜が生息したおおよその時代

（単位：百万年前）

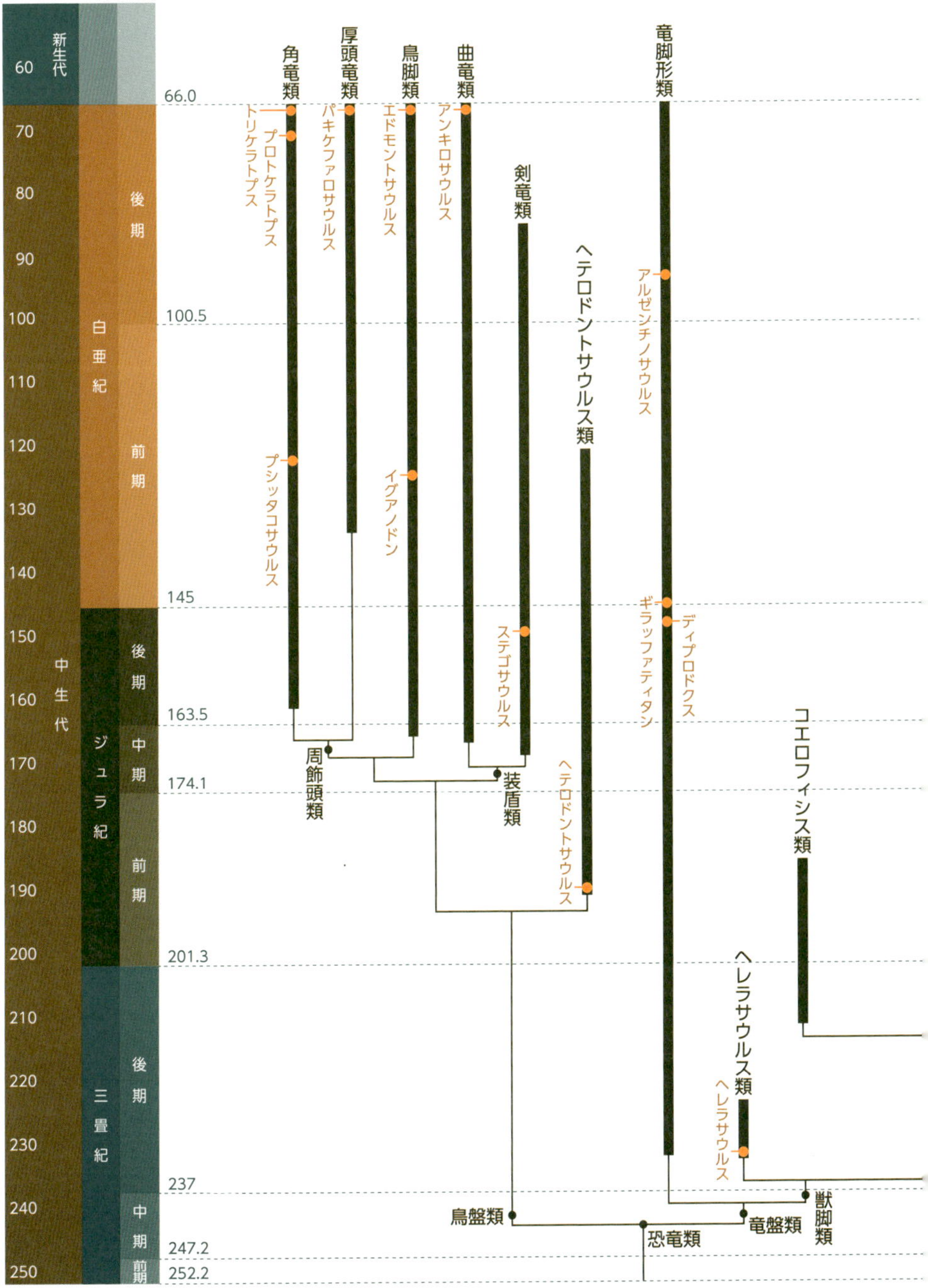

新生代
中生代
白亜紀
ジュラ紀
三畳紀
後期
前期
中期
60
70
80
90
100
110
120
130
140
150
160
170
180
190
200
210
220
230
240
250
66.0
100.5
145
163.5
174.1
201.3
237
247.2
252.2
角竜類
厚頭竜類
鳥脚類
曲竜類
剣竜類
ヘテロドントサウルス類
竜脚形類
コエロフィシス類
ヘレラサウルス類
トリケラトプス
プロトケラトプス
プシッタコサウルス
パキケファロサウルス
エドモントサウルス
イグアノドン
アンキロサウルス
ステゴサウルス
ヘテロドントサウルス
アルゼンチノサウルス
ギラッファティタン
ディプロドクス
ヘレラサウルス
周飾頭類
装盾類
鳥盤類
恐竜類
竜盤類
獣脚類

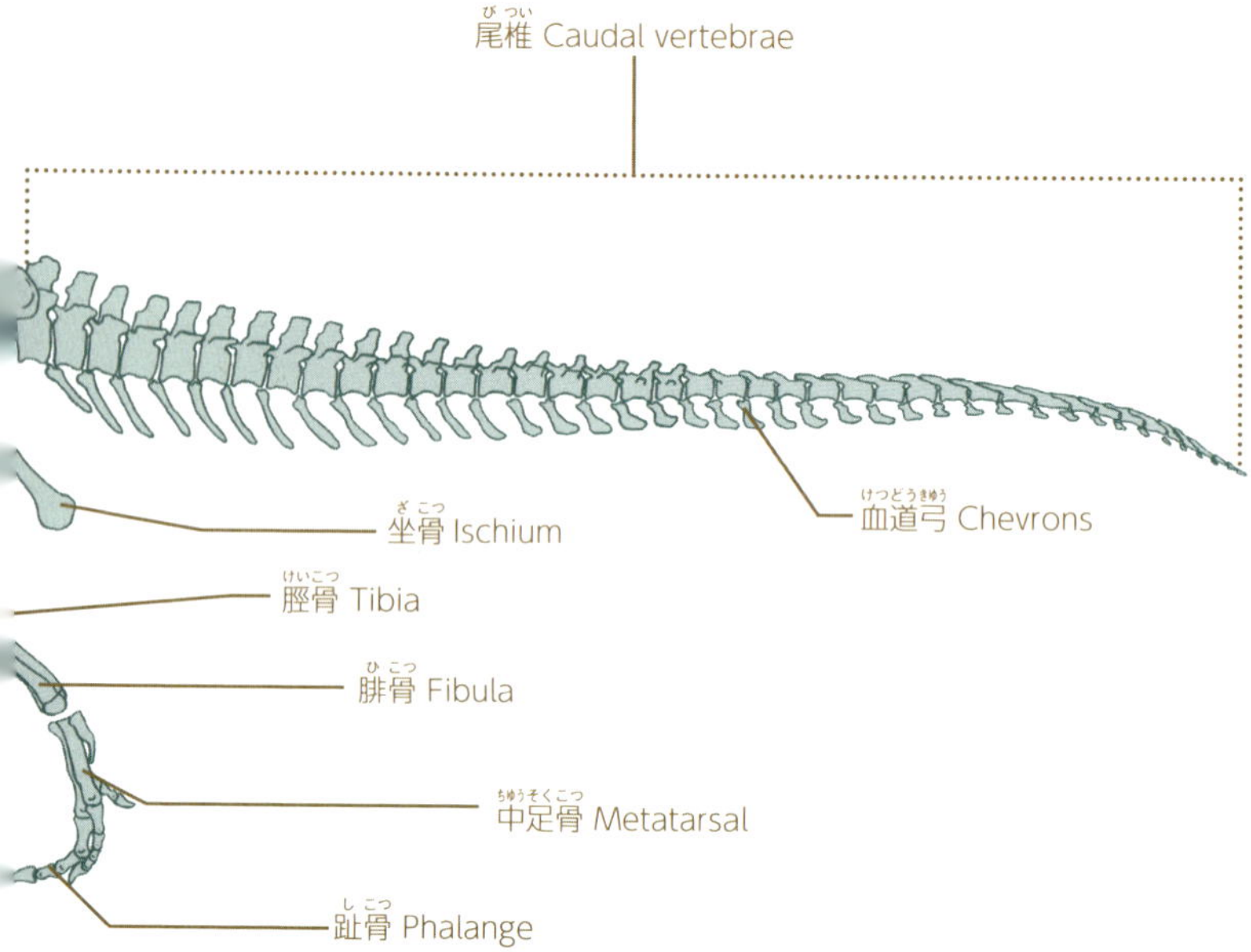
尾椎《びつい》 Caudal vertebrae
坐骨《ざこつ》 Ischium
血道弓《けつどうきゅう》 Chevrons
脛骨《けいこつ》 Tibia
腓骨《ひこつ》 Fibula
中足骨《ちゅうそくこつ》 Metatarsal
趾骨《しこつ》 Phalange

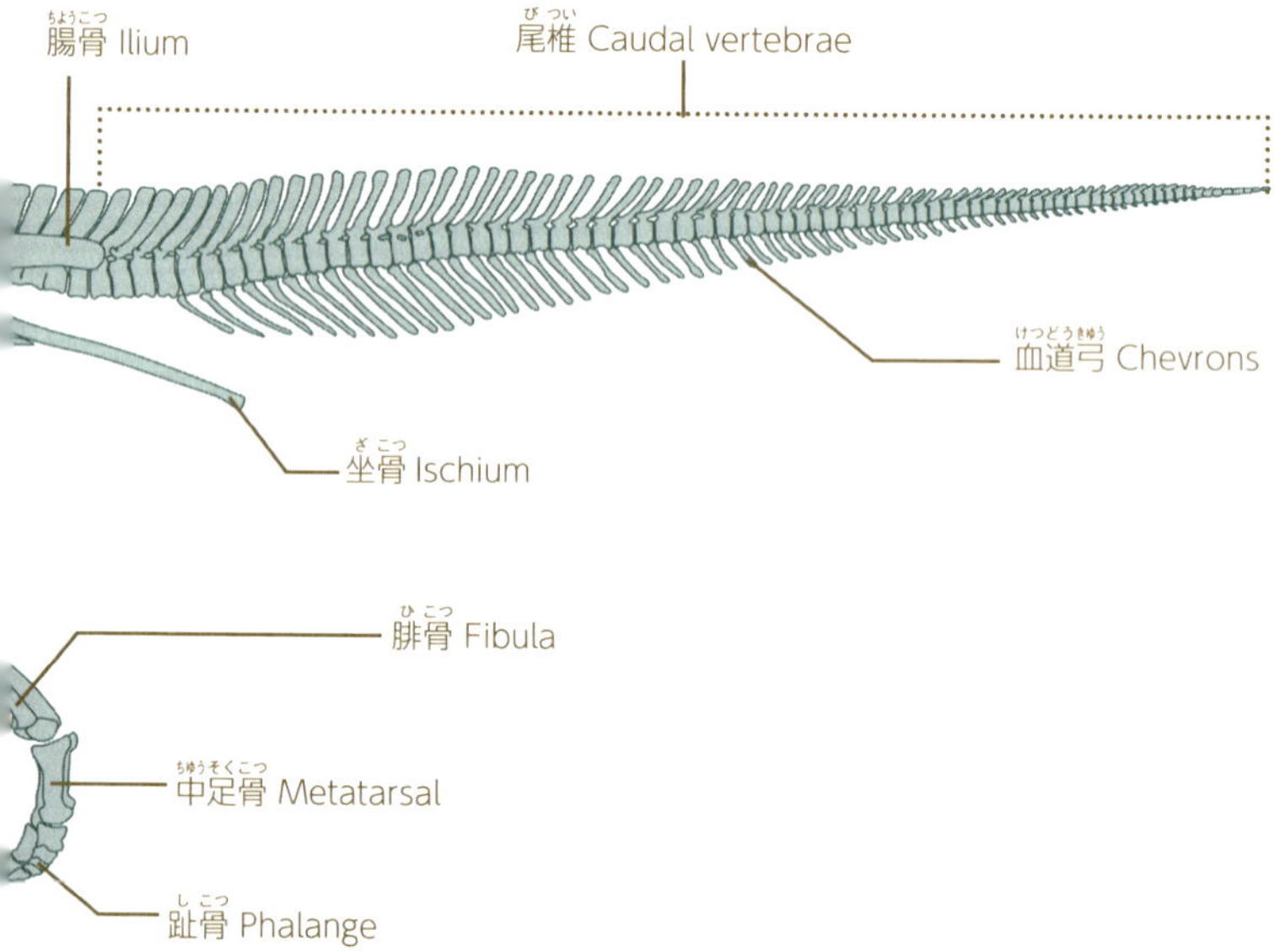
腸骨《ちょうこつ》 Ilium
尾椎《びつい》 Caudal vertebrae
血道弓《けつどうきゅう》 Chevrons
坐骨《ざこつ》 Ischium
腓骨《ひこつ》 Fibula
中足骨《ちゅうそくこつ》 Metatarsal
趾骨《しこつ》 Phalange

竜盤類の骨格（アロサウルス）

- 頭骨 Skull
- 鞏膜輪 Sclerotic ring
- 頸椎 Cervical vertebrae
- 胴椎 Dorsal vertebrae
- 仙椎 Sacral vertebrae
- 肋骨 Thoracic rib
- 腸骨 Ilium
- 頸肋骨 Cervical rib
- 肩甲骨 Scapula
- 烏口骨 Coracoid
- 叉骨 Furcula
- 上腕骨 Humerus
- 橈骨 Radius
- 指骨 Phalange
- 中手骨 Metacarpal
- 尺骨 Ulna
- 恥骨 Pubis
- 大腿骨 Femur
- 腹骨 Gastralia

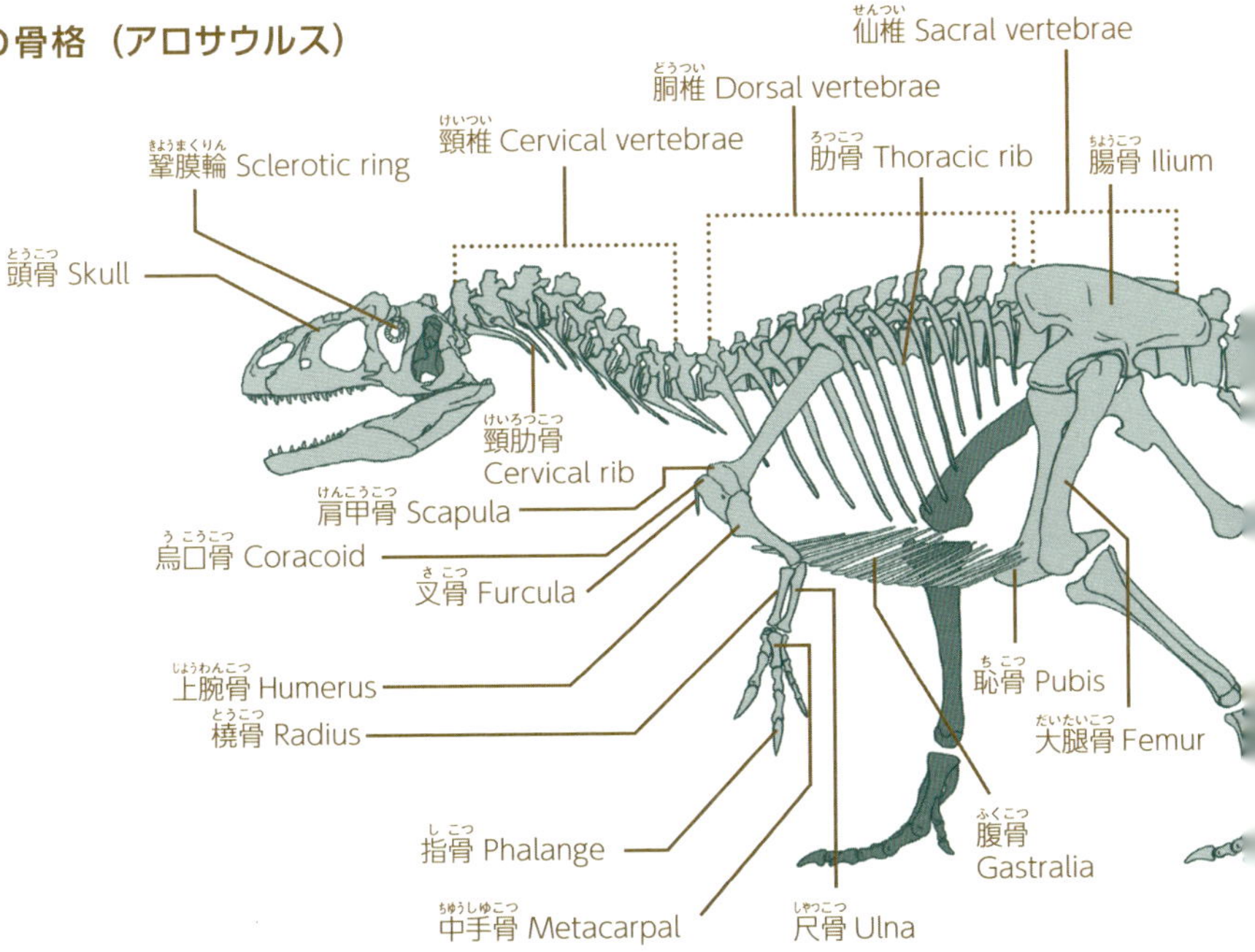

鳥盤類の骨格（エドモントサウルス）

- 頭骨 Skull
- 鞏膜輪 Sclerotic ring
- 頸椎 Cervical vertebrae
- 胴椎 Dorsal vertebrae
- 仙椎 Sacral vertebrae
- 肋骨 Thoracic rib
- 頸肋骨 Cervical rib
- 肩甲骨 Scapula
- 烏口骨 Coracoid
- 上腕骨 Humerus
- 橈骨 Radius
- 中手骨 Metacarpal
- 指骨 Phalange
- 尺骨 Ulna
- 恥骨 Pubis
- 大腿骨 Femur
- 脛骨 Tibia

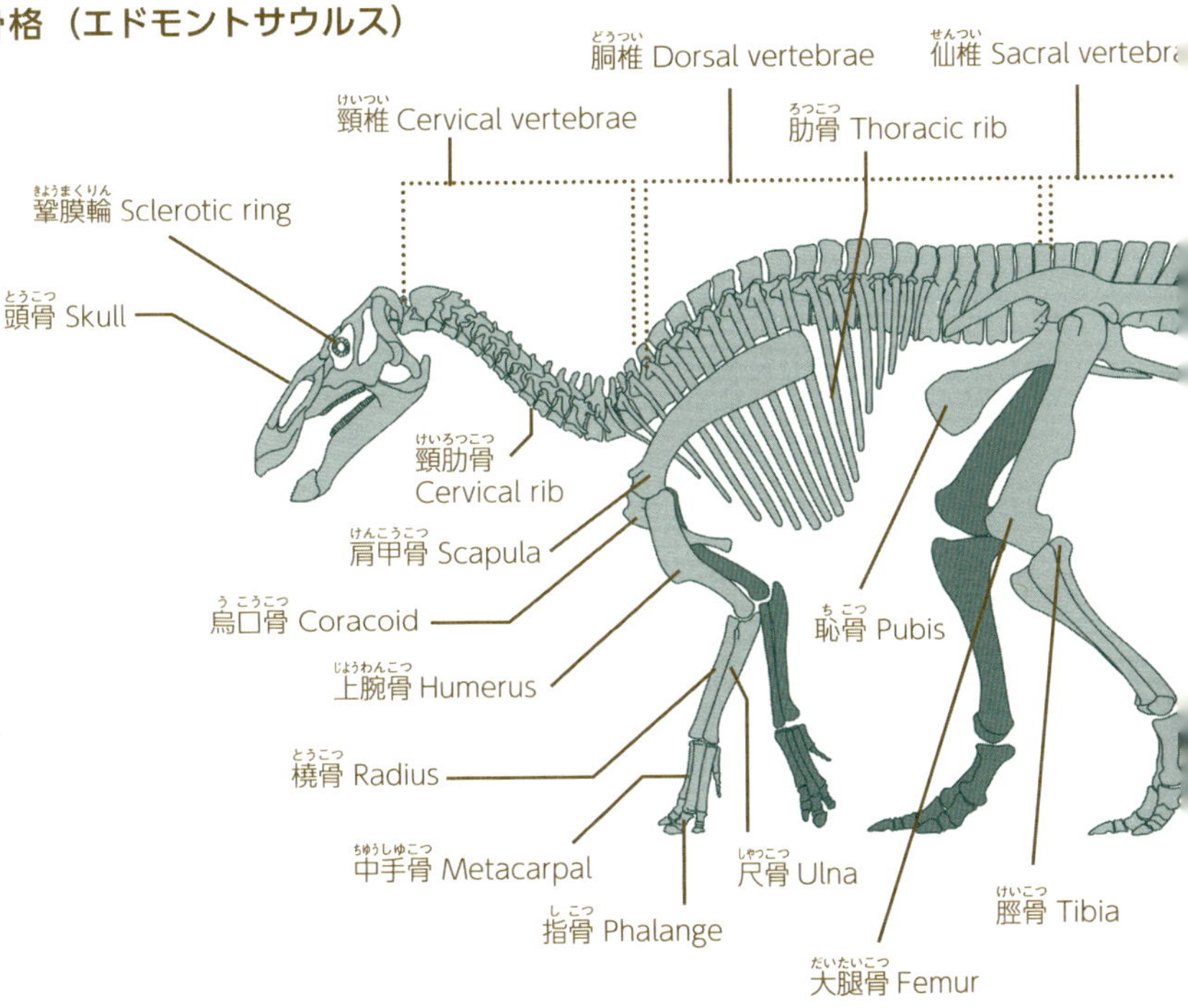

あ

アーケオプテリクス　91
アーケオラプトル　142
足跡　92
足跡化石　136
アズダルコ類　67
アリオラムス　140
アルヴァレズサウルス類　152
アルゼンチノサウルス　114
アロサウルス　10・13・123・128・140・147・155
アンキオルニス　104・114
アンキロサウルス　11・13・44・80・150
アンモナイト　58・65・94
イグアノドン　10・15・46・74・151
イスチガラスト層　90
胃石　140
イリジウム　69
隕石説　68
インディ・ジョーンズ　81
ウィリアム・バックランド　74
ヴェロキラプトル　11・16・81・102・113・128・141・149
羽毛恐竜　86・104・112・142・147
エドモントサウルス　10・80・102・131・155
エドモントニア　44
エドワード・コープ　78
エピデクシプテリクス　114
エボデボ　107
エラスモサウルス　79
エルンスト・シュトローマー　81
鉛筆型　130
オヴィラプトル　149
オヴィラプトロサウルス類　152
横隔膜　133
大型獣脚類　137・138
オスニエル・マーシュ　78
オナラ　132
オルドビス紀　54・56
オルニトミムス　10・129・136・148
オルニトミモサウルス類　152

か

海生爬虫類　61・66
学名　100
火山説　68
ガストルニス　10・66
化石　94・104・140・142
カマラサウルス　10・130
カモノハシ竜　46・50・65・85・121
カルカロドントサウルス　81・139
カルノサウルス類　152
感染症　122
カンブリア紀　54
ギガノトサウルス　139
義県層　91
ギデオン・マンテル　74
気嚢　108
気嚢システム　117
鞏膜輪　141
恐竜温血説　84
恐竜時代　58
恐竜の墓場　141
恐竜発掘競争　78
恐竜類　22・24・111・153
曲竜類　37・92・136・150・153
巨大地震　70
巨大津波　70
魚竜　59・61・62
ギラッファティタン　11・14・40・81・114・150
キロステノテス　38
首長竜　25・28・62・65
クローニング　106
系統樹　24・32・36
軽量化された体　116
ゲップ　132
ケラトサウルス　11・43・128・146
ケラトサウルス類　152
顕生代　54
原生代　55
剣竜類　37・42・92・136・150・153
高速疾走型　139
厚頭竜類　36・48・92・120・151・153
コエルロサウルス類　152
コエロフィシス類　153
小型恐竜　41
小型獣脚類　137
小型鳥脚類　137
国際命名規約　100
ゴジラサウルス　101
古生代　54
古生物学者　143
古第三紀　55
5大絶滅　57・58・66
骨格化石　102
骨腫瘍　122
骨髄炎　123
骨髄骨　125
コリフォドン　66
ゴルゴサウルス　80・123
コンコラプトル　129
昆虫類　65
ゴンドワナ大陸　62・72
コンフキウソルニス　64・124
コンプソグナトゥス　77

コンプソグナトゥス類 152

さ

再検証 88
最小の恐竜 115
財政悪化 82
最大の恐竜 115
サウロポセイドン 114
砂嚢 140
三畳紀 38・40・55・57・58・60・72・90
三葉虫 94
視覚コミュニケーション 124
示準化石 58
始生代 54
自然現象 56
自然選択 52
四足歩行 32・41・42・51・143・151
始祖鳥 10・14・76・83・91・149
シダ類 62
シティパティ 11・125・149
シノサウロプテリクス 11・16・86・104・112・147
ジャック・ゴーティエ 85
しゃっくり 133
ジャドフタ層 91
獣脚類 26・37・38・92・113・136・153
周飾頭類 36・48・50・153
集団営巣 126
雌雄判別 124
種の起源 76
寿命 118
ジュラ紀 43・45・47・50・55・62・72・90・91
ジュラシック・パーク 106・149
小惑星 68・70
植物 66
植物食 116
植物食恐竜 130・150
植物食動物 47・50
植物食の爬虫類 117
植物食の哺乳類 117
ジョン・オストロム 84
シルル紀 54
進化 52
進化発生生物学 107
新生代 55
新第三紀 55
スーパーサウルス 114
スティラコサウルス 51・80
ステゴケラス 49・131
ステゴサウルス 11・12・42・123・131・150
巣の化石 126
スピノサウルス 7・11・81・82・91・103・129・139・143・146
スピノサウルス類 152
スプーン型 130
生痕化石 94
性選択 52
成体 120
石炭紀 54
脊椎・無脊椎動物 66
絶滅 56・68・70
装盾類 37・42・153
咀嚼 140
ゾルンホーフェン層 91

た

体温調節 34
体重 143
ダイナソー・パーク層 90
第二次世界大戦 82
第四紀 55
大量絶滅 56・58・61・66
高い基礎代謝 117
ダチョウ恐竜 137・148
タルボサウルス 129
単弓類 29・55・60
小さな頭と未発達なアゴ 117
地球史上最大の爪 148
地質時代 56
チャールズ・スタンバーグ 80
チャールズ・ダーウィン 76
中生代 55・58・110
中生代の地層 96
鳥脚類 36・46・92・153
超大陸パンゲア 60・72
腸内細菌 132
鳥盤類 36・42・44・46・48・50・113・117・131・153
鳥類 32・38・65・66・110・112・152
直立歩行 30・116
角竜類 36・50・92・120・151・153
低酸素環境 108
ディノケイルス 103
デイノニクス 84
ディプロドクス 11・90・114・130
ディメトロドン 24・28
ティラノサウルス 3・9・10・33・38・67・80・119・122・125・127・129・133・137・138・142・147
ティラノサウルス類 152
テスケロサウルス 131
デボン紀 54・56・58
テリジノサウルス 16・148
テリジノサウルス類 152
テンダグル層 91
デンタル・バッテリー 131
頭骨 49
トーマス・ハクスリー 77

トリケラトプス……5・10・51・67・90・120・131・151
トロオドン……135
トロオドン類……152
ドロマエオサウルス類……149・152

な

ナイフ型……128
長い首……117
肉食恐竜……38・128・137・142
肉食動物……116
ニジェールサウルス……130
二足歩行……32・34・38・41・49・51・146
二枚貝……65
年輪……118
脳……134
脳重量比……135
脳腫瘍……123
ノドサウルス類……45

は

歯……128
バーナム・ブラウン……80
排泄……133
パキケファロサウルス……11・12・48・80・120・123・151
白亜紀……40・43・45・47・48・50・55・57・64・66・70・72・90・91・124
ハチドリ……115
爬虫類……22・25・28・30・60・62・83・110
爬虫類の時代……58
ハドロサウルス類……85
鼻……135
バナナ型……129
羽ばたき飛行……108
バハリヤ層……91
パラサウロロフス……46・121
バリオニクス……39
半水生……143
皮骨……42
被子植物……65
微生物……66
ビッグ・ファイブ……57
ピナコサウルス……45
ヒプシロフォドン……47
疲労骨折……123
プシッタコサウルス……51・113
ブラキプテリギウス……59
プレートテクトニクス……72
プレパレーション……87・98・143
プロトケラトプス……50・81
糞化石……133
分岐分析……85・87
ベイピアオサウルス……39・91
ヘテロドントサウルス……130
ヘテロドントサウルス類……153
ヘル・クリーク層……90
ペルム紀……55・57・58
ヘレラサウルス……10・15・146
ヘレラサウルス類……153
ヘンリー・オズボーン……80
抱卵状態……127
哺乳類……26・28・61・62・65・66・68・110・121・133
骨……118

ま

マメハチドリ……115
ミクロラプトル……64・105・142
密集型……130
耳……134
ミモオラペルタ……131
目……135・141
冥王代……54
メガロサウルス……74
メラノソーム……104
モササウルス類……29・65・67
モノニクス……10・148
モリソン層……90

や

夜行性……141
幼体……120・127
翼竜……25・28・59・60・62・66
ヨロイ竜……45

ら

裸子植物……62
卵生……126
ランフォリンクス……59
ランベオサウルス……47・90
陸上脊椎動物……24・140
陸上動物……116
リチャード・オーウェン……75
リチャード・マークグラフ……81
竜脚形類……37・40・62・92・114・116・130・136・140・142・150・153
竜盤類……36・38・40・153
両生類……60・110
冷凍マンモス……94
ロイ・アンドリュース……81
ローラシア大陸……62・72
ロバート・バッカー……84

わ

和名……100

主な参考文献

『The Complete Dinosaur』
James O. Farlow／M.K.Brett-Surman・編
(INDIANA UNIVERSITY PRESS) (1997年)

『Discovering Dinosaurs: Evolution, Extinction, and the Lessons of Prehistory』
Mark Norell／Eugene Gaffney／Lowell Dingus・著
(University of California Press) (2000年)

『Dinosaurs:The Most Complete, Up-to-date Encyclopedia for Dinosaur Lovers of All Ages』
Thomas R.Holtz,Jr.・著
(RANDOM HOUSE) (2007年)

『The Dinoasuria (2nd edition)』
D. Weishampel／P. Dodson/H. Osmólska・編
(University of California Press) (2004年)

『恐竜学ー進化と絶滅の謎ー』
David E. Fastovsky／David B. Weishampel・著　真鍋真・監訳
(丸善株式会社) (2006年)

『鳥の形態図鑑』
赤勘兵衛・著
(株式会社偕成社) (2008年)

『鳥の骨探』
松岡 廣繁・総指揮
(株式会社エヌ・ティー・エス) (2009年)

『世界恐竜発見史ー恐竜像の変遷そして最前線ー』
ダレン・ネイシュ・著　伊藤恵夫・日本語版監修　春日清秀・翻訳
(株式会社 ネコ・パブリッシング) (2010年)

『恐竜再生ーニワトリの卵に眠る、進化を巻き戻す「スイッチ」』
ジャック・ホーナー／ジェームズ・ゴーマン・著　真鍋真・監修　柴田裕之・翻訳
(日経ナショナル ジオグラフィック社) (2010年)

『The Princeton Field Guide to Dinosaurs』
Gregory S. Paul・著
(Princeton University press) (2010年)

『決着！恐竜絶滅論争』
後藤和久・著
(株式会社岩波書店) (2011年)

『進化ー生命のたどる道ー』
カール・ジンマー・著　長谷川眞理子・日本語版監修　長谷川眞理子／入江尚子・翻訳
(株式会社岩波書店) (2012年)

『Dinosaurs:A Concise Natural History (2nd edition)』
David E. Fastovsky／David B. Weishampel・著
(CAMBRIDGE UNIVERSITY PRESS) (2012年)

『The Dinosaur Hunters,The Extraordinary Story of the Men And Women Who Discovered Prehistoric Life』
Lowell Dingus／Mark Norell・著
(CARLTON) (2012年)

『The Unfeathered Bird』
Katrina van Grouw・著
(Princeton University press) (2013年)

『恐竜戦国時代の覇者！トリケラトプス〜知られざる大陸ララミディアでの攻防 図録』
藤原慎一／林昭次／塚腰実・著
(大阪市立自然史博物館/読売新聞社) (2014年)

『Semiaquatic Adaptations in a Giant Predatory Dinosaur』
Nizar Ibrahim, Paul C. Sereno, et al・著
(Science) (2014年)

恐竜くん（田中　真士）

6歳の時に恐竜に魅せられ、16歳で単身カナダに留学。恐竜の研究が盛んなアルバータ大学で古生物学を中心に広くサイエンスを学び、卒業後「恐竜くん」としての活動を開始。全国各地で、子どもから大人まで楽しめるトークショーや体験教室の開催、恐竜展の企画や監修、執筆、イラスト制作まで、幅広く手がける。恐竜を通して、自然科学のみならず、この世界のさまざまな物事に目を向ける「きっかけづくり」を活動テーマとしている。
http://boropin.blog.shinobi.jp/

所 十三（ところ じゅうぞう）

漫画家。『月刊少年マガジン』（講談社）に掲載の「名門！多古西応援団」でデビュー。代表作は『疾風伝説 特攻の拓』『DINO²（ディノディノ）』（講談社）、『白亜紀恐竜奇譚 竜の国のユタ』（秋田書店）などがある。

装幀　石川直美（カメガイ デザイン オフィス）
本文イラスト　恐竜くん
『COMIC 恐竜物語』（ポプラ社）、『奇跡の恐竜　丹波竜』（丹波市）、
第1・2・4・5章で使用
本文デザイン　小幡ノリユキ
編集協力　ヴュー企画（野秋真紀子）
編集　鈴木恵美（幻冬舎）

知識ゼロからの恐竜入門

2015年7月10日　第1刷発行
2017年4月25日　第2刷発行

著　者　恐竜くん（田中真士）
本文画　所 十三
発行人　見城 徹
編集人　福島広司
発行所　株式会社　幻冬舎
〒151-0051　東京都渋谷区千駄ヶ谷 4-9-7
電話　03-5411-6211（編集）　03-5411-6222（営業）
振替　00120-8-767643
印刷・製本所　近代美術株式会社
検印廃止

ISBN978-4-344-90297-8 C2095
Printed in Japan
幻冬舎ホームページアドレス　http://www.gentosha.co.jp/
この本に関するご意見・ご感想をメールでお寄せいただく場合は、comment@gentosha.co.jp まで。